Britta Gockel | Carina Warnstädt

Enrichment für Pferde

Alles, was Dein Pferd erlebt, entscheidest Du!

Müller Rüschlikon

Impressum

Einbandgestaltung: R2 I Ravenstein, Verden

Titelbild: Britta Gockel (unten links), Lena Hille (oben), Dana Nietgen (unten rechts)
Umschlag-Rückseite: Hendrik Gockel (oben rechts, unten), Lena Hille (oben links)
Klappen: Lena Hille (hinten), Dana Nietgen (vorne Mitte), Carina Warnstädt (vorne unten)
Innenklappen: Andrea Costa (hinten 2. v. l.), Hendrik Gockel (vorne), Lena Hille (hinten links, oben, unten), Elisabeth Schleppi (hinten rechts)

Bildnachweis: S. 175

ISBN 978-3-275-02365-3

1. Auflage 2026

Sie finden uns im Internet unter
www.mueller-rueschlikon-verlag.de

Gesamtleitung: Claudia König
Innengestaltung: R2 I Ravenstein
Druck und Bindung: Graspo CZ, 76302 Zlin
Printed in Czech Republic

Folgen Sie uns für mehr Infos zu unseren Pferdebüchern auf:

www.instagram.com/muellerrueschlikon.pferd

www.facebook.com/muellerrueschlikonverlag

Inhalt

Vorwort
von Dr. Vivian Gabor

Wenn Du Dir ein Pferd an Deiner Seite wünschst, das sich sicher fühlt, interessiert seine Umgebung wahrnimmt und motiviert auf neue Reize reagiert, dann findest Du in diesem Buch wertvolle Impulse für genau diesen Weg: hin zu einem pferdegerechten Leben voller Sinn, Abwechslung und Entwicklung.
Pferde sind hochsoziale, kognitive und sensible Tiere – mit einem breiten Repertoire an Verhaltensweisen, Bedürfnissen und Ausdrucksmöglichkeiten.
Als Verhaltensbiologin und Pferdewissenschaftlerin beschäftigt mich seit vielen Jahren die zentrale Frage: Wie können wir dem Pferd als Individuum gerecht werden – nicht nur im Training, sondern im Alltag, in der Haltung, im Zusammensein mit uns Menschen?
Dieses Buch liefert eine Antwort, die aktueller kaum sein könnte: Enrichment – die gezielte, durchdachte Bereicherung des Pferdelebens. Und zwar nicht als modisches Extra oder Beschäftigungstipp für Regentage, sondern als Grundhaltung: Pferde in ihrer Gesamtheit sehen, ihre Sinne ansprechen, ihre Intelligenz fördern und ihre Kooperationsbereitschaft respektieren.
Was mich an diesem Werk besonders beeindruckt, ist die Verbindung von wissenschaftlicher Tiefe mit praktischer Umsetzbarkeit. Die Autorinnen zeigen, dass Enrichment kein Luxus ist, sondern ein zentrales Element einer gesunden, artgerechten Pferdehaltung. Basierend auf verhaltensbiologischen Grundlagen, neurobiologischen Erkenntnissen und dem Wissen um individuelle Unterschiede im Lernverhalten, stellen sie eine Vielzahl an Ideen vor, die leicht in den Alltag integrierbar sind – sei es im Offenstall, im Paddock Trail, im Training oder in der Pflege.
Ich selbst begleite mit meinem Ausbildungsinstitut (IVK) seit vielen Jahren Menschen und Pferde auf ihrem gemeinsamen Lernweg. Dabei erlebe ich täglich, wie sehr Pferde aufblühen, wenn sie mitgestalten dürfen, wenn sie verstanden werden und wenn wir als Menschen bereit sind, unsere Perspektive zu erweitern. Genau darum geht es in diesem Buch: dem Pferd zuzuhören, seine Umwelt aktiv zu gestalten und damit nicht nur sein Verhalten positiv zu beeinflussen, sondern auch sein inneres Erleben.
Enrichment ist weit mehr als Spiel und Beschäftigung – es ist eine Haltung, die Ausdruck von Fürsorge, Wissen und Verantwortungsbewusstsein ist. Pferde, die in einer reichhaltigen Umwelt leben, zeigen weniger Stressverhalten, mehr Neugier, verbesserte kognitive Leistungen und vor allem: eine stärkere Bindung zu ihren Bezugspersonen.
Die Autorinnen greifen dabei nicht nur klassische Elemente auf, sondern denken weiter: Sie lassen Pferde entscheiden, beobachten Signale der Kooperation, beziehen Sinneswahrnehmung, Futtermanagement, Trainingsimpulse und Umweltgestaltung gleichermaßen

ein. Damit gelingt ihnen ein Rundumblick, wie er in dieser Tiefe selten zu finden ist – immer nah am Pferd, immer praxisorientiert, aber mit einem klaren wissenschaftlichen Fundament.
Ich wünsche mir sehr, dass dieses Buch viele Menschen inspiriert, sich mit dem Thema Enrichment näher auseinanderzusetzen. Denn gerade in einer Zeit, in der viele Pferde körperlich gut versorgt sind, aber an Reizarmut, Unterforderung oder mangelnder Mitbestimmung leiden, braucht es neue Wege. Wege, die auf Verstehen statt Funktionieren, auf Mitgestaltung statt Kontrolle setzen.
In meiner Arbeit beobachte ich oft, dass schon kleine Veränderungen – wie eine andere Struktur im Futtermanagement, gezielte Reize in der Umgebung oder ein durchdachtes Trainingselement – große Wirkung zeigen. Dieses Buch bietet einen reichen Werkzeugkoffer für genau solche Veränderungen – und liefert gleichzeitig das Hintergrundwissen, warum sie wirken.

Liebe Leserin, lieber Leser, wenn du dieses Buch zur Hand nimmst, begibst du dich auf eine Reise: hinein in die Wahrnehmungswelt des Pferdes, in seine Bedürfnisse, seine Neugier, seine Fähigkeit zu lernen und zu kommunizieren.
Ich lade dich ein, es nicht nur zu lesen, sondern auszuprobieren, zu hinterfragen und weiterzudenken.
Denn wenn wir Pferden echte Möglichkeiten zur Mitgestaltung geben, dann erleben wir etwas Wunderbares: Sie begegnen uns auf Augenhöhe – mit Vertrauen, Klarheit und Offenheit. Genau das ist die Basis für eine Beziehung, die über Reiten, Haltung oder Training hinausgeht.
Ich danke den Autorinnen für dieses wichtige Werk, das die Brücke schlägt zwischen Forschung und Stallgasse, zwischen Wissenschaft und Herz, zwischen Mensch und Pferd.

Dr. Vivian Gabor
Verhaltensbiologin & Pferdewissenschaftlerin
Institutsleiterin | Referentin | Autorin

Dr. Vivian Gabor ist Verhaltensbiologin, promovierte Pferdewissenschaftlerin und Buchautorin. Ihr Spezialgebiet ist das Lernverhalten des Pferdes und die Verknüpfung von Wissenschaft und Praxis. Der Schwerpunkt ihrer Arbeit liegt bei der Optimierung der Mensch-Pferd Kommunikation und der Verbesserung des Tierwohls. Sie ist Inhaberin eines Ausbildungsstalles und Gründerin des Instituts für Verhalten und Kommunikation (IVK). Dort werden Pferdeverhaltenstrainer ausgebildet, die das Wissen über pferdegerechtes und erfolgreiches Training weitertragen. Neben ihrer praktischen Tätigkeit ist sie gerichtlich bestellte Gutachterin für Pferdeverhalten und Lehrbeauftragte der Universität Göttingen. Weitere Informationen zu ihrer Arbeit findet man unter www.IVK-center.de

Vorwort

von Britta Gockel und Carina Warnstädt

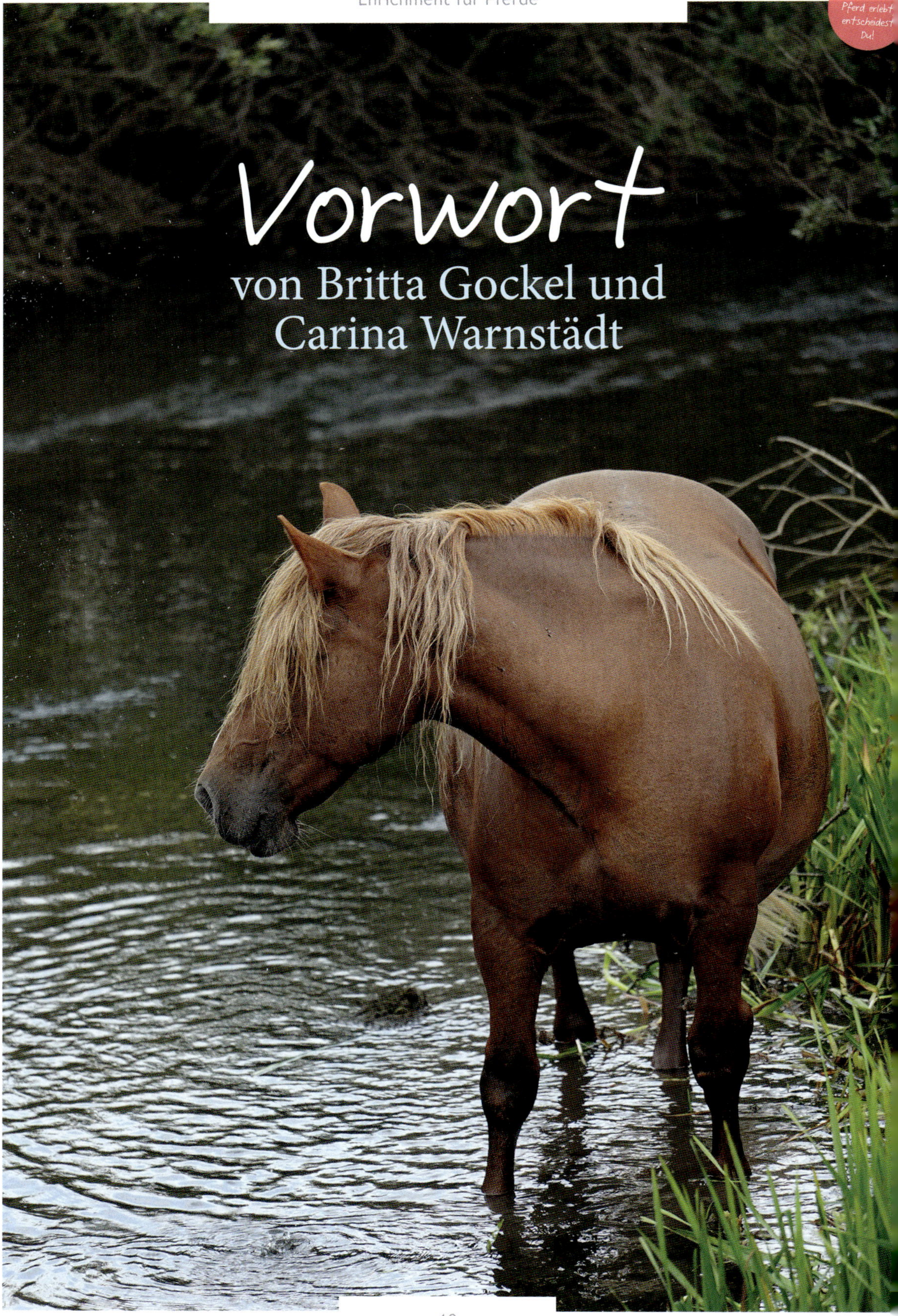

Liebe Leserin, lieber Leser,

wir leben in einer Zeit, in der das Wohl unserer Pferde mehr denn je im Fokus steht – zum Glück! Die Pferde sind unsere Freunde, Sportpartner und Ruhepole. Deswegen tun wir alles dafür, dass es ihnen bei uns möglichst gut geht. Doch was bedeutet es konkret, einem Pferd ein erfülltes und glückliches Leben zu ermöglichen? Welche Bedingungen müssen gegeben sein, damit wir diesem Anspruch gerecht werden können?
Für uns ist die Antwort klar: Enrichment. Damit unsere Pferde sich nicht nur mit uns wohlfühlen, sondern auch ihren Alltag so pferdegerecht wie möglich leben können, sind wir dafür verantwortlich, das Pferdeleben bestmöglich zu gestalten. So kann unsere gemeinsame Zeit zu einem besonderen Abenteuer werden, an dem Pferd und Mensch Freude haben und gemeinsam wachsen können.
Enrichment ist für uns vor allem eine Frage der Einstellung: Sich selbst weiterzuentwickeln und das Pferd als Individuum zu sehen ist aus unserer Sicht das Wichtigste. Es ist der Schlüssel zu einem erfüllten und gesunden Dasein unserer Tiere. Diese Haltung prägt unser tägliches Handeln und motiviert uns, Enrichment als festen Bestandteil einer pferdegerechten und ganzheitlichen Betreuung zu etablieren, weil wir die Verantwortung tragen, das Leben unserer Pferde so artgerecht wie möglich zu gestalten.
Mit diesem Buch möchten wir dir helfen, die Bedeutung von Enrichment zu verstehen und praktisch umzusetzen. Deswegen laden wir dich ein, mit uns gemeinsam diese spannende Reise anzutreten. Damit dein Pferd sofort von diesem neuen ganzheitlichen Betreuungsansatz profitieren kann, haben wir uns entschieden, alles möglichst praxisnah darzustellen. Dabei gibt es Ideen für jeden Geldbeutel und jede Situation. Du bist herzlich eingeladen, alles auszuprobieren, was für dich umsetzbar ist und dich auch in die Theorie einzulesen, um dein Pferd besser zu verstehen. Für eine buntere und pferdefreundlichere Reitwelt.
Damit du direkt selbst aktiv werden und ausprobieren kannst, beginnen wir mit dem Praxisteil. Theoretisches Wissen ist wertvoll, doch für dein Pferd zählt vor allem, dass Veränderungen Schritt für Schritt im Alltag erfolgen.

Herzlichst,
Britta & Carina

Praxis

Enrichment findet vor allem praktisch statt. Es ist zwar hilfreich, die Hintergründe zu kennen, um unsere Pferde immer besser zu verstehen und zu wissen, warum welche Art der Bereicherung genutzt wird, doch für dein Pferd ist die Umsetzung wichtiger als die Ansammlung von Wissen. Deswegen geben wir im Folgenden einen umfangreichen Überblick über verschiedene Enrichment-Möglichkeiten.
Ganz kurz vorab zusammengefasst:

Was ist Enrichment?

Unter Enrichment versteht man die Gestaltung von Lebensumfeld und Aktivitäten eines Tieres, das nicht in seiner natürlichen Umgebung leben kann. Es dient der Beschäftigung und ahmt in der Regel die ursprüngliche Lebenssituation eines Tieres nach, sodass es die Möglichkeit bekommt, seinen natürlichen Fähigkeiten und Verhaltensweisen nachzugehen. Dabei regt es zur Betätigung von Körper und Geist an, fördert Motivation und Kreativität. Damit ist es der größte Faktor, den es gibt, um den negativen Konsequenzen von domestizierter

Auch mit einer körperlichen Beeinträchtigung – hier das Sehen – können die Sinne, Fähigkeiten und Erfahrungen des Pferdes angesprochen und sein Leben bereichert werden.

Haltung entgegenzuwirken. Dazu zählen Langeweile, Unterforderung und Reizarmut, die zu stereotypen Verhaltensweisen und Krankheiten führen können. Enrichment fördert das Wohlbefinden und die Lebensqualität von Tieren in menschlicher Obhut, kann aber auch zu einem motivierten, glücklichen, gesunden und trittsicheren (Reit-)Pferdeleben beitragen.

Egal, was du mit deinem Pferd machst, es ist wichtig, seine Bedürfnisse jederzeit im Blick zu behalten. Wenn wir nicht über Stressanzeichen hinweggehen, schaffen wir eine gute Basis für ein vertrauensvolles Verhältnis. Daher gilt für alle Vorschläge in diesem Buch, dass immer das Pferd bestimmen sollte, in welchem Tempo fortgeschritten wird. Solange das Pferd Stressanzeichen zeigt, ist es zu früh, die Konfrontation mit neuen Gegenständen oder Situationen zu steigern. Behalte daher die Mimik deines Pferdes immer im Blick.

Auch ein »Abschalten« und »Passierenlassen« kann ein Anzeichen von Stress sein. Vor allem, wenn das Pferd sich in der erlernten Hilflosigkeit befindet. Darauf wird auf Seite 146 genauer eingegangen.

Auch Flucht kann eine Stressreaktion sein.

Das Training sollte nur schrittweise gesteigert werden. Falls du an einer Stelle das Gefühl haben solltest, mit deinem Plan nicht weiterzukommen, überlege, ob es eine andere Möglichkeit gibt, dein Pferd neugierig zu machen oder deinem Pferd zu erklären, was du von ihm möchtest, ohne es zu überfordern. Manchmal brauchen Pferde auch etwas mehr Zeit, um nachzudenken. Du solltest also auch nicht zu schnell die Strategie wechseln.
Wann immer dein Pferd einen kleinen Schritt in die erwünschte Richtung macht, lobe es und gib ihm Zeit zu verarbeiten, was geschehen ist.

Bei allen Enrichment-Maßnahmen ist es wichtig, immer die Sicherheit von Pferd und Mensch zu gewährleisten. Das beste Enrichment bringt nichts, wenn es zu Unfällen oder Krankheiten führt. Deswegen beachte bitte einige Punkte:

1. Wenn du unsicher bist, ob dein Pferd etwas fressen darf oder nicht, gehe kein Risiko ein.

2. Überprüfe Spielzeuge oder andere Gegenstände regelmäßig auf scharfe Kanten oder beschädigte Stellen.

3. Wenn du Gegenstände für Futter oder Wasser des Pferdes nutzt, achte darauf, dass das Material ungiftig und lebensmittelecht ist. Plastikgegenstände, mit denen das Pferd in Berührung kommt, sollten keine Weichmacher enthalten.

4. Vermeide Überfütterung: Besonders bei ungewohnten Futtermitteln sollte das Pferd nur geringe Mengen bekommen.

5. In Gruppenhaltung kann es zu Stress durch Futterneid kommen. Nutze Futter daher nur allein mit deinem Pferd oder wenn du ganz sicher bist, dass die Herde ruhig und harmonisch ist.

6. Nutze eingezäuntes Gelände, wenn du mit deinem Pferd frei trainieren möchtest.

7. Wenn du Gegenstände mit deinem Pferd nutzt, achte darauf, dass es nicht mit dem Huf oder den Zähnen steckenbleiben kann. Das gilt besonders für biegsame Gummimaterialien.

Mit wenig Aufwand viel Bereicherung schaffen

Wer bei Enrichment direkt an Veränderungen in der Haltung denkt, erwartet womöglich große Schwierigkeiten und hohe Kosten. Glücklicherweise gibt es viele Möglichkeiten, um bereits mit kleinen Veränderungen eine Wirkung zu erzielen. Gleichzeitig ist Enrichment jedoch als Bonus anzusehen, der eine pferdegerechte Haltung nicht ersetzen kann.
Daher stellen wir zunächst verschiedene Ansätze vor, den Alltag des Pferdes zu bereichern – Ansätze, die für die meisten leicht umzusetzen sind und nur geringe Kosten verursachen. Später werden auch komplexere und kostspieligere Enrichment-Methoden dargestellt.

Spazieren gehen

Kosten:

Aufwand für den Menschen:

Schwierigkeitsgrad für das Pferd:

Besonderheiten: Geeignet für übergewichtige Pferde, für den Körper, für mehr Gelassenheit

Ein Spaziergang ist eine der einfachsten Möglichkeiten, eine große Bereicherung für das Pferd zu schaffen.
Schon ein kleiner Spaziergang bietet jede Menge Eindrücke. Nicht nur, dass unser Pferd körperlich gefordert wird, auch geistig passiert unterwegs viel.
Damit der Spaziergang wirkungsvoll und stressfrei ablaufen kann, ist jedoch essentiell, dass die Grundbedürfnisse erfüllt sind. Das bedeutet, dass das Pferd nicht hungrig losgeht und nicht durch Bewegungsmangel gestresst ist. Natürlich sollte es außerdem halfterführig sein und den Stall sicher verlassen können. Dann steht dem gemeinsamen Alltagsabenteuer nichts im Wege.
Die langsame, stetige Bewegung, die beim Spaziergang ohne Gewicht auf dem Rücken entsteht, kommt dem natürlichen Laufbedürfnis des Pferdes nahe. Dabei werden Kreislauf, Verdauung und Hufpumpe in Schwung gebracht, die Lunge wird belüftet und Muskeln, Sehnen, Bänder und Gelenke fit gehalten.
Außerdem ist es möglich, eine große mentale Bereicherung durch einen Spaziergang zu schaffen. Unterschiedliche Untergründe können vom Pferd wahrgenommen werden und fördern das Körpergefühl. Dabei darf es – wo gefahrlos möglich – gern selbst wählen, wo es am liebsten laufen möchte. Dadurch muss das Pferd nachdenken und eigene Entscheidungen treffen.
Es kann aber auch sinnvoll sein, bewusst ungewohnte Untergründe aufzusuchen. Für viele Pferde sind Pfützen oder Gullideckel eine große Herausforderung. Sie können diese nicht einschätzen und vermeiden es, sie zu betreten. Der Mensch

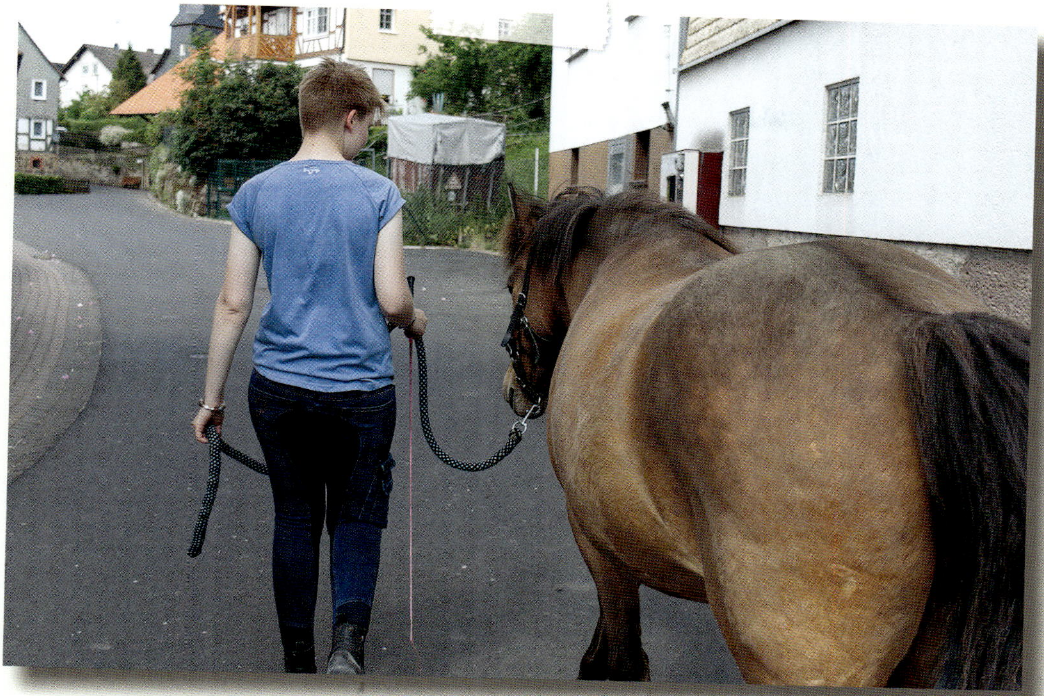

Unterschiedliche Orte bringen unterschiedliche Herausforderungen mit sich.

kann das Pferd dazu ermutigen, sich mit solchen Unsicherheiten auseinanderzusetzen, um somit Neugierde und Mut zu entwickeln. Gerade solche kleinen Veränderungen können die bekannten Wege zu kleinen Abenteuern machen. Dabei sollte jedoch auf viel Druck oder Strafen verzichtet werden. Stattdessen ist es besser, jeden kleinen Schritt in die richtige Richtung zu belohnen.

Wenn es schöne Waldwege gibt, ist es manchmal möglich, am Wegesrand zu laufen und dem Pferd zusätzliche Reize durch herumliegendes Laub und hervorstehende Wurzeln zu bieten. So muss es sich noch mehr auf seine Schritte konzentrieren und es kommen außerdem weitere Geräusche hinzu, die es verarbeiten muss.

Hin und wieder findet sich auch ein Baumstumpf, der niedrig und sicher genug ist, um als Podest genutzt zu werden. Wenn das Pferd dies kennt, kann es aufgefordert werden, darauf zu steigen. Es ist jedoch wichtig, darauf zu achten, dass das natürliche Hindernis nicht rutschig oder an einem Abhang ist. Sollte das Pferd mit der Podestarbeit noch nicht vertraut sein, empfiehlt es sich, zunächst im Stall das Heben eines Beins auf ein sanftes Signal zu trainieren. Weitere Informationen zur Podestarbeit findest du auf Seite 86ff.

Doch auch verschiedene steinige Wege oder der Wechsel zwischen Asphalt und Gras sind Veränderungen, auf die sich das Pferd konzentrieren muss. Dadurch wird nicht nur das Körpergefühl gestärkt, was langfristig Stolpern reduzieren kann, sondern es erhält auch wertvolle Reize, die für Abwechslung sorgen.

Wo gefahrloses Erkunden möglich ist, profitiert das Pferd davon, seine Umgebung untersuchen zu können.

Unsere Spaziergeh-Challenge für Pferde und ihre Menschen:

Wir stellen euch 5 Aufgaben, die ihr in 5 Spaziergängen absolvieren könnt. Stellt euch der Herausforderung und erfüllt jede Woche eine Aufgabe oder nehmt euch mehr Zeit und verteilt die Aufgaben über das ganze Jahr. So könnt ihr immer wieder etwas Neues gemeinsam erleben, ganz nach dem Motto: Wann hast du zum letzten Mal etwas zum ersten Mal gemacht?
Tipp! Auch geritten lassen sich die Spaziergeh-Aufgaben in Form von Ausritten absolvieren!

Lust auf eine Herausforderung?

Wir verknüpfen Spazierengehen mit Kopftraining – Ihr könnt eure Umgebung erkunden und Neues ausprobieren oder Bekanntes festigen – und gleichzeitig etwas Gutes für eure Pferd-Mensch-Beziehung tun!
Dabei zeigen wir mit unseren Pferden, was wir auch im Winter, ohne Halle und sogar ohne Platz alles machen können!

Hier kommen unsere 5 Aufgaben für euch:

1. Findet fünf oder mehr verschiedene Untergründe, über die ihr gemeinsam spaziert!
   (Bonusaufgabe: Wer findet die meisten? Wer findet die kreativsten? Wer findet überhaupt fünf verschiedene? Es ist gar nicht so leicht, wie es klingt!

Gleichzeitig tut es Kopf und Körper gut – eurem und dem eures Pferdes.)

2. Erkundet gemeinsam den nächsten Ort oder die nächste Wohnsiedlung! Welche besonderen Orte, Objekte und Wege findet ihr? Habt ihr schon einmal bewusst einen Spaziergang in die »Menschenwelt« gemacht?

3. Überwindet mindestens 3 Hindernisse auf eurem Spaziergang. Wir sind gespannt, welche klassischen und komischen Hindernisse ihr findet!

4. Zeigt, welche Lektionen ihr im Gelände umsetzen könnt! Einparken, Rückwärts und Trab-Halt-Übergänge – was fällt euch noch ein?

5. Das Pferd übernimmt die Führung des Spaziergangs. Lass dein Pferd an mindestens 5 Abzweigungen entscheiden, in welche Richtung der Spaziergang weitergehen soll. Wenn es deinem Pferd schwer fällt oder es das noch nicht kennt, wähle die Richtung, in die dein Pferd schaut.

Wer im Wald unterwegs ist, sollte immer Rücksicht auf Wildtiere nehmen. Zum Schutz der Tiere ist es wichtig, nicht durch das Unterholz zu laufen. Wann immer möglich, sollte man also auf den Wegen bleiben oder nur wenig davon abweichen.

Unterwegs finden sich häufig weitere Eindrücke, die das Pferd fordern: Von Spaziergängern mit Hunden über Mülleimer bis hin zu anderen Tieren auf Weiden – das alles sind Sinneseindrücke, die das Pferd sehen, hören und riechen kann. Daher sollte man die Wirkung all dieser Eindrücke auf unsere Pferde keinesfalls unterschätzen. Hin und wieder können also Pausen sinnvoll sein, damit unser Pferd sich umsehen und alles verarbeiten kann.

Um die Gegebenheiten voll auszukosten, kann man seinem Pferd auch erlauben, etwas Erde zu schlecken oder Laub von den Bäumen zu rupfen, wie es dem natürlichen Fressverhalten entspricht. Wichtig ist, darauf zu achten, was gefressen wird. Nicht alle Pferde selektieren selbstständig, welche Pflanzen gesund und welche giftig sind. Wer dabei unsicher ist, sollte lieber kein Risiko eingehen und auf die sichere Variante zurückgreifen: Leckerlis. Diese können mitgenommen und auf einem geeigneten Boden, wie zum Beispiel im Moos, oder auch erhöht in den Zweigen (vor allem im Winter) versteckt und gesucht

Auch ein kleiner Trab oder eine Joggingrunde mit Pferd sind möglich und gesund für alle Beteiligten.

werden. So kann das Pferd auf vielen Ebenen von einem Spaziergang profitieren. Und ganz nebenbei wird auch die Beziehung von Pferd und Mensch gestärkt.

Das Pferd entscheiden lassen

Kosten:

Aufwand für den Menschen:

Schwierigkeitsgrad für das Pferd:

Besonderheiten: Kopftraining, für mehr Selbstwirksamkeit

Eine einfache Möglichkeit, dem Pferd Bereicherung zu schaffen, ist die Förderung von Selbstwirksamkeit. Viele Pferde lernen im Laufe ihres Lebens, dass sie den Anweisungen des Menschen Folge leisten müssen, ohne dabei selbst nachzudenken. Dabei kann es sein, dass Eigeninitiative des Pferdes bestraft wird. Verständlich, denn sie kann zu gefährlichen Situationen führen und das Pferd ist nicht in der Lage, so vorausschauend zu agieren wie der Mensch. So kann es zum Beispiel passieren, dass das Pferd einen neuen Gegenstand mit der Nase

berühren möchte, den der Mensch als gefährlich einschätzt, sodass das Pferd für ein eigentlich natürliches und positives Erkundungsverhalten bestraft wird. Gleichzeitig wird dem Tier dadurch aber auch das Gefühl genommen, selbst (mit-)entscheiden zu können und somit für sich verantwortlich zu sein.
Wenn das Pferd lernt, dass seine Meinung wahr- und ernstgenommen wird, dass ihm »zugehört« wird, kann es verstehen, dass seine Entscheidungen und Vorschläge Bedeutung haben. Zeigen sich diese Entscheidungen als vorteilhaft für das Pferd – etwa durch Belohnungen wie Futter, aber auch durch Ruhe und Sicherheit –, wird es zunehmend Vertrauen in sich selbst und seine eigenen Entscheidungen entwickeln.

Selbstwirksamkeit

Der Glaube daran, dass schwierige Situationen aus eigener Kraft bewältigt werden und die eigenen Handlungen zu positiven Konsequenzen führen können. Ein selbstwirksames Pferd hat Vertrauen in sich selbst und seine Handlungen, aber auch eine eigene Meinung, die es zum Ausdruck bringt.

Das bedeutet nicht, dass das Pferd alles selbst entscheiden muss oder darf. Sicher wäre es sogar fatal, das Pferd alles allein entscheiden zu lassen. Daher muss die Sicherheit selbstverständlich zu jedem Zeitpunkt gewährleistet sein. Es liegt in der Verantwortung des Menschen, darauf zu achten, dass keine Gefahrensituation auftritt und das Pferd in einem solchen Moment die menschliche Autorität anerkennt. Denn Menschen verfügen über ein größeres Wissen und mehr Informationen über Gegenstände oder Situationen der Menschenwelt. Somit tragen sie dem Pferd (und anderen Menschen) gegenüber die Verantwortung sicherzustellen, dass keine gefährlichen Situationen entstehen. Gleichzeitig liegt es aber auch im Verantwortungsbereich des Menschen, das eigene Pferd so zu fördern, dass es sich weiterentwickeln und eigene Entscheidungen treffen kann.

Im täglichen Umgang mit dem Pferd gibt es häufig kleine Momente, in denen der Mensch die Möglichkeit hat, auf die Idee des Pferdes einzugehen oder nicht. Diese kleinen Momente können bereits die Selbstwirksamkeit des Pferdes stärken und ein Alltagsabenteuer beginnen lassen. So kann es sein, dass das Pferd beim Spaziergang oder beim Ausritt einen bestimmten Weg gehen möchte, den der Mensch nicht eingeplant hatte. Wenn der Weg ungefährlich und genug Zeit gegeben ist, kann man sich die Frage stellen, warum nicht auf den Wunsch des Pferdes eingegangen werden sollte. Schließlich kann uns diese Idee auch wichtige Informationen geben: Möchte das Pferd einen Weg wählen, der schneller zurück zum Stall führt, oder einen, der die Runde verlängert? Möchte es vielleicht einen weniger steilen Weg wählen? Oder sucht es sich lieber den Grasweg aus als den Teerweg – und falls ja, warum? Es könnte mehr dahinter stecken als auf den ersten Blick sichtbar ist. Ähnliches gilt auch, wenn das Pferd »Nein« sagt – sei es, indem es sich auf der Wiese nicht nähert (vielleicht sogar davonläuft), indem es das Gebiss nicht ins Maul nehmen möchte oder vor dem Reitplatzeingang stehen bleibt. All das ist Kommunikation und darauf einzugehen, kann eine Bereicherung für das Pferd und seinen Menschen sein. Zudem kann es die Pferd-Mensch-Beziehung stärken, wenn auf die Meinung des Pferdes Wert gelegt und hinterfragt wird, warum es so handelt, wie es handelt. Das muss nicht bedeuten, dass die geplante Aktivität jedes Mal abgebrochen wird, weil das Pferd etwas nicht möchte. Stattdessen ist es wichtig zu beobachten: Ist heute etwas anders als sonst? Macht mein Pferd das regelmäßig oder ist es die Ausnahme? Auch Pferde können einmal »schlechte Tage« haben. Tritt dies nur gelegentlich auf, ist es für alle Beteiligten oft besser, die Situation gelassen zu handhaben, statt sich hindurch zu quälen. Kommt dieselbe Situation jedoch wiederholt vor, empfiehlt es sich, die Ursache systematisch zu untersuchen: Hat das Pferd Schmerzen? Hat es schlechte Erfahrungen gemacht und dadurch eine negative Erwartungshaltung? Hat es Stress in der Herde? Es gibt viele Faktoren, die das Verhalten des Pferdes beeinflussen. Wenn die Ursache identifiziert wird, lässt sich gezielt darauf reagieren, um das Problem zu beheben und ein harmonischeres Miteinander zu ermöglichen.

Eine weitere schöne Möglichkeit, das Pferd aktiv in einen Entscheidungsprozess einzubeziehen, besteht darin, bestimmtes Equipment mit bestimmten Aktivitäten zu verknüpfen. Wird zum Beispiel das Knotenhalfter immer zum Spazierengehen verwendet, die Trense zur Dressurarbeit, der Kappzaum zum Longieren und das Sidepull zum Ausreiten, verbindet das Pferd Equipment und Aktivität.
Werden dann die verschiedenen Ausrüstungsgegenstände dem Pferd zur Auswahl präsentiert, kann beobachtet werden, welchen Gegenstand es auswählt. Es kann dabei hilfreich sein, die Gegenstände in einer festen Reihenfolge anzubieten oder alle gleichzeitig nebeneinander im gleichen Abstand zu präsentieren und zu sehen, welcher Gegenstand zuerst angesteuert wird. Wichtig ist, dass dies nur gemacht werden sollte, wenn die Entscheidung des Pferdes auch wirklich akzeptiert werden kann und ein sicheres Umfeld gegeben ist. Im Anschluss sollte also auch die vom Pferd gewählte Aktivität durchgeführt werden. Das stärkt das Vertrauen und die Selbstwirksamkeitserwartung des Pferdes.

Das Pferd bekommt Möglichkeiten gezeigt, ohne dass der Mensch eine besonders hervorhebt. So kann das Pferd frei entscheiden.

Wer mag, kann außerdem Kooperationssignale nutzen. So kann das Pferd mitteilen, dass es bereit ist, gesattelt oder geritten zu werden. Diese werden beispielsweise trainiert, indem immer bei einer bestimmten Geste eine Handlung durchgeführt wird.
Sehen wir uns das am konkreten Beispiel des Sattelns an:
Der Sattel wird dem Pferd präsentiert und sobald das Pferd den Sattel mit der Nase berührt, wird der Sattel in Ruhe aufgelegt. Solange das Pferd den Sattel nicht berührt, wartet der Mensch und übergeht dieses Verhalten nicht. Wird dies immer wieder geübt (am besten zu Beginn mehrfach in einer Trainingseinheit, ohne dass geritten wird), kann das Pferd den Zusammenhang verstehen und das Signal in Zukunft bewusst einsetzen.
Gleichermaßen können auch Aufsteige- oder Stopp-Signale eingeführt werden, die das Reiten oder Longieren beginnen oder beenden. Auch das kann das Vertrauen stärken und vermittelt dem Pferd, dass es selbstbestimmt leben kann. Die meisten Pferde entscheiden sich gern dafür, dem Menschen zu folgen, wenn sie einen Nutzen darin sehen und keine Strafe befürchten müssen, wenn sie sich gegen die gemeinsame Arbeit entscheiden. Sollte das Pferd dazu gezwungen werden müssen, mitzumachen, ist es vielleicht an der Zeit, sich zu fragen, warum das so ist.

Leckerlis suchen

Kosten:

Aufwand für den Menschen:

Schwierigkeitsgrad für das Pferd:

Besonderheiten: Kopftraining

Leckerlis können nicht nur bei einem Spaziergang gesucht werden. Wer dem Pferd im heimischen Stall Abwechslung bieten möchte, mit dem Pferd nicht spazierengehen kann oder nicht genug Zeit hat, kann die Leckerlis auch anders suchen lassen. Lebt das Pferd in einer Haltung ohne Sanduntergrund, können sie einfach in kleinen Portionen auf dem Boden verteilt werden, sodass das Pferd sie suchen kann. Eine weitere Möglichkeit besteht darin, in einen Baumstamm Rillen einzuarbeiten, in die Leckerlis gelegt werden können.

Zum Basteln: Es kann auch ein Puzzle speziell für diesen Zweck gebastelt werden. Dazu einfach eine Holzplatte an den Rändern mit Balken einfassen und darauf Baumscheiben, große Steine und/oder kleine, dicke Äste verteilen, die von dem Pferd verschoben werden können. So kann es dazwischen die Leckereien suchen.

Achtung bei Gruppenhaltung!
Wenn das grundsätzliche Bedürfnis nach Futter nicht ausreichend gestillt ist oder es keine harmonische Herde gibt, sollte zusätzliches Futter nur mit Vorsicht genutzt werden, da es zu Futterneid unter den Pferden kommen kann. In Pensionsställen sollte so etwas außerdem immer im Vorfeld mit allen Beteiligten abgestimmt werden.

Leckerlis in der »Wühlkiste«

Kosten:

Aufwand für den Menschen:

Schwierigkeitsgrad für das Pferd:

Besonderheiten: Kopftraining, für Boxenruhe

Wenn nicht die Möglichkeit besteht, Leckerlis suchen zu lassen, wie zuvor beschrieben, weil das Pferd auf einem Sandpaddock steht und auch keine anderen Verstecke existieren, muss trotzdem nicht auf die Leckerlisuche verzichtet werden. Auch in der Box, auf dem Paddock oder am Putzplatz kann dem Pferd eine Wühlkiste angeboten werden, in der es Leckerlis entdeckt.
Pferde sind Futtersucher und freuen sich häufig darüber, wenn sie einer Herausforderung gegenüberstehen, sofern sie zuvor nicht hungern mussten. Andernfalls kann das Suchen der Leckerlis in Stress ausarten, vor allem wenn es sich dabei um Futter mit hohem Belohnungswert handelt. Das ist Futter, das selten gefüttert wird und durch einen süßen Geschmack vom Pferd als besonders reizvoll empfunden wird, wie zum Beispiel Äpfel.
Für die Wühlkiste können verschiedene Materialien verwendet werden, sodass immer wieder neue Herausforderungen für das Pferd entstehen. Alles, was für das Pferd ungefährlich ist, kann genutzt werden. So ist es möglich, die Basis der Wühlkiste aus einem Futtereimer oder einem großen Pappkarton zu gestalten, aber auch andere bruchsichere Plastikbehälter sind eine gute Wahl. Um es nicht zu einfach zu machen, sollte die Kiste neben den Leckerlis auch mit verschiedenen Hindernissen befüllt werden. Hier eignen sich unterschiedlich große und dicke Holzscheiben, die hin und her geschoben werden müssen, aber auch Verpackungspapier, Klopapierrollen, leere Plastikflaschen, Stücke von Poolnudeln, große Steine oder Stroh. Alles, was für das Pferd ungefährlich ist und die Wühlkiste spannender macht, darf hinein. So ist das Pferd lange beschäftigt und wird geistig gefordert, während es versucht, an die Leckerbissen zu gelangen. Gleichzeitig kann so ein natürlicher Slowfeeder gebaut werden, sodass theoretisch auch Kraftfutter in der Wühlkiste gefüttert werden kann. Dann ist es jedoch sinnvoll, keinen Pappkarton zu nutzen, da kleine Stücke des Futters schnell zwischen die einzelnen Kartonlagen geraten können und dann Frust entsteht. Außerdem ist es wichtig, die Wühlkiste nicht innerhalb einer Herde anzubieten, um keine Futterstreitigkeiten hervorzurufen. In der Regel sollte die Wühlkiste also immer nur einem Pferd in einem separierten Bereich präsentiert werden.

Für Fortgeschrittene: Wenn die Wühlkisten irgendwann zu langweilig werden, kann die Schwierigkeit erhöht werden, indem verschiedene Hindernisse eingebaut werden. So kann der Karton zum Beispiel verschlossen werden. Vorher können je nach Größe des Kartons unterschiedlich viele Löcher in den Deckel hineingeschnitten werden. Dabei unbedingt darauf achten, dass sie groß genug sind, damit das Pferd seine Nase hindurchstecken kann, ohne sich zu verletzen. Wer unsicher bezüglich der Nasengröße ist, kann im Vorfeld die Nase des Pferdes ausmessen oder ein Halfter als Maßstab zur Hilfe nehmen. Eine Alternative ist es, kleinere Löcher in die Seiten zu schneiden, sodass Poolnudeln hindurchgeschoben werden können und als Hindernis für das Pferd dienen.

Noch mehr Infos dazu im Video!

Wassersprinkler

Kosten:

Aufwand für den Menschen:

Schwierigkeitsgrad für das Pferd:

Besonderheiten: Kopftraining, für mehr Gelassenheit

Für einige Pferde ist Wasser aus dem Schlauch oder in Pfützen eine große Herausforderung. Sie können es schlecht einschätzen und gerade Wasser in Bewegung macht auch noch Geräusche. Deswegen ist ein langsames Heranführen des Pferdes an das Wasser besonders wichtig, damit es eine Bereicherung sein kann.

Im Sommer kann anstelle der Dusche auch ein Wassersprinkler eine interessante Bereicherung für das Pferd sein. Wer die Möglichkeit hat, den Wassersprinkler aufzustellen, sodass das Pferd ihn sich frei unter Beobachtung oder am Halfter (jedoch nicht unter Zwang) ansehen kann, bietet dem Pferd einen spannenden neuen Reiz. Einige Sprinkler lassen sich so einstellen, dass sie sich bewegen, was für viele Pferde eine große Herausforderung darstellt, weil sie nicht gut einschätzen können, was da passiert. Für den Anfang ist es möglicherweise besser, wenn der Wasserstrahl starr ist. Allerdings ist es wichtig, das Pferd dabei zu beobachten, denn das kann von Pferd zu Pferd verschieden sein. Manche empfinden es womöglich als stressreicher, wenn das Wasser längere Zeit auf eine Stelle platscht, während andere die Bewegung als problematischer empfinden. Viele Wassersprinkler lassen sich außerdem im Winkel verstellen, sodass sich der Reiz für das Pferd immer wieder ändern lässt.
Einige Pferde nähern sich schnell und genießen es irgendwann, sich selbst mit dem Sprinkler zu duschen, andere beobachten lieber aus der Ferne. Daher ist der Wassersprinkler eine großartige Bereicherung, die Pferd und Mensch Spaß machen kann. Dabei spricht er verschiedene Sinne an: Gerade bei beweglichen Wassersprinklern beobachten viele Pferde das Wasser – vor allem wenn es das Licht reflektiert. Zusätzlich machen die Wassersprinkler häufig Geräusche und natürlich bringen sie einen haptischen Reiz, wenn die Wassertropfen auf das Fell treffen.

Einige Pferde nähern sich ganz selbstverständlich, um das neue Objekt zu untersuchen und genießen sogar die Dusche, wenn sie erst einmal verstanden haben, dass sie dadurch gekühlt werden. Andere halten lieber einen Sicherheitsabstand und benötigen Unterstützung durch den Menschen, um sich näher heranzuwagen. Für beide Pferdegruppen kann der Wassersprinkler für eine

begrenzte Zeit eine tolle Bereicherung sein.
Natürlich sollte auch dieses Element mit Bedacht und Rücksicht auf die Umwelt eingesetzt werden, sodass in warmen Sommern kein Wasser verschwendet wird.

Düfte

Kosten:

Aufwand für den Menschen:

Schwierigkeitsgrad für das Pferd:

Besonderheiten: Kopftraining, für Boxenruhe

Ein bei Pferden häufig unterschätzter Sinn ist der Geruchssinn. Dabei sind Gerüche für Pferde sehr wichtig und sie sind in der Lage, sehr feine Gerüche wahrzunehmen.

Um im Stall eine olfaktorische Stimulation zu schaffen, ist es möglich, ätherische Öle in einem Bereich des Stalls, zum Beispiel an Holzbalken, aufzutragen. Dabei sollte jedoch vorsichtig vorgegangen werden und die Pferde sollten die Möglichkeit haben, sich dem Geruch zu entziehen, falls sie das möchten.
Für eine flexible, regelmäßige Duftstimulation können auch Duftbretter oder -boxen gebastelt und zeitweise im Stall untergebracht werden.
Für ein Duftbrett können auf einem Holzbrett zum Beispiel kleine Stoffstücke mit dem Tacker angebracht oder angeklebt werden, die sich mit ätherischen Ölen beträufeln lassen. Dabei ist es sinnvoll, zu markieren, welches Stück für welches Öl genutzt wird, um immer wieder dasselbe darauf geben zu können.
Wer nicht selbst basteln möchte, kann auch eine Alternative zum Aufhängen nutzen. Hierzu können Wäschenetze oder Vogelfutterspender beziehungsweise Meisenknödelboxen aus einem Metallgeflecht verwendet werden. Diese lassen sich befüllen, wobei bei Vogelfutterspendern meist die Aufhängung gegen etwas Ungefährliches wie ein Hanfseil ausgetauscht werden sollte. Beim Befüllen sind der Kreativität keine

Grenzen gesetzt: Auch hier können Stoffe mit Düften hineingegeben werden, aber auch Blätter, Lavendelblüten, Fell von anderen Tieren oder alles andere, was hineinpasst und nicht giftig ist.

Bei neuen Düften sollte das Pferd gut beobachtet werden. Eine intensive Beschäftigung damit oder Flehmen sind meist gute Zeichen. Sollte das Pferd sich aber anspannen oder andere Zeichen von Stress zeigen, mag es den Duft nicht. Dann sollte der Duft wieder entfernt werden, um das Pferd nicht zu zwingen, sich damit weiter auseinanderzusetzen. Außerdem sollten die Pferde gerade mit Aufhängungen nicht allein gelassen werden.

Geräusche

Kosten:

Aufwand für den Menschen:

Schwierigkeitsgrad für das Pferd:

Besonderheiten: Kopftraining, für mehr Gelassenheit

Um alle Sinne des Pferdes anzusprechen, können auch Geräusche für das Enrichment im Stall genutzt werden. Wie auch bei den Düften ist es jedoch wichtig, darauf zu achten, dass es den Pferden auch wirklich einen Nutzen bringt. Laute, plötzlich auftretende Geräusche sind eher ungeeignet, da sie den Fluchtreflex auslösen können und Pferde sich darauf nicht einstellen können. Darunter fallen auch Musikrichtungen wie Rock oder Heavy Metal, die für Pferde in der Regel eher unangenehm sind.

Auch das Radio kann zu viel Unruhe bringen, wenn das Pferd es nicht gewohnt ist. Besser eignet sich eine bewusste Auswahl von Musikstücken, die Ruhe und Entspannung vermitteln. Hier bieten sich zum Beispiel klassische Musikstücke oder Reggae an.
Am besten ist es, leise zu starten, da Pferde sehr gut hören können. Auch eine freie Umgebung eignet sich, sodass das Pferd sich nicht eingeschlossen fühlt und sich bewegen kann, falls es sich erschreckt.

Während der Nutzung von Geräuschen ist es wichtig, die Reaktionen des Pferdes genau zu beobachten und die Musikauswahl darauf abzustimmen. Sollte das Pferd sich regelmäßig erschrecken, flüchten oder Stresssymptome zeigen, sind (diese) Geräusche vielleicht nicht das Richtige für dieses Tier.

Gymnastikball

Kosten:

Aufwand für den Menschen:

Schwierigkeitsgrad für das Pferd:

Besonderheiten: Kopftraining, für den Körper, für übergewichtige Pferde

Einige haben möglicherweise noch einen Gymnastikball zuhause, der nicht weiter genutzt wird – oder schaffen extra fürs Pferd einen an. Auch dieser kann eine Bereicherung für das Pferd bieten. Es gibt Pferde (jeglichen Alters und Geschlechts) mit einem großen Spieltrieb, die sofort begeistert von einem solchen Angebot sind und sich damit beschäftigen. Dann kann es sinnvoll sein, den Ball zeitweise unter Aufsicht zur freien Verfügung zu lassen.
Auf der anderen Seite gibt es allerdings auch Pferde, die zunächst großen Respekt vor dem Ball haben. Auch hier kann es sinnvoll sein, den Pferden die Möglichkeit zu geben, sich eigenständig damit zu beschäftigen. Es ist jedoch auch möglich, im Sinne des Gelassenheitstrainings, das Pferd für jede Annäherung an den Ball zu belohnen, um

es so dazu zu bringen, sich damit zu beschäftigen.

Hat das Pferd erst einmal Kontakt mit dem Ball aufgenommen, kann nach einer Weile nur noch ein Futterlob gegeben werden, wenn das Pferd etwas mit dem Ball macht, das heißt, ihn mit der Nase oder dem Huf berührt. So kann über die Zeit das »Ballspiel« entwickelt werden, bei dem das Pferd dem Ball folgt oder sogar Tore schießt.

Es ist wichtig, zu beobachten, wie das Pferd auf das Ballspiel reagiert. Einige sind nach einer Weile so begeistert davon, dass sie keine Leckerlis mehr brauchen und sich selbstständig mit dem Ball beschäftigen können. Andere brauchen jedoch regelmäßige Bestärkungen oder können sich nicht dafür erwärmen. Insgesamt können wir immer wieder neue Talente und Vorlieben an unseren Pferden entdecken, indem wir immer mal wieder neue Enrichment- oder Trainingsangebote machen!

Einiges wird vielleicht kaum beachtet, anderes mit Begeisterung angenommen und vertieft.
Generell sollte der Ball nicht dauerhaft im Auslauf liegen gelassen werden, da einerseits der Reiz des Balls abnimmt, wenn er immer zugänglich ist, und andererseits mit dem Ball auch ein gewisses Verletzungsrisiko verbunden ist.

Kraulen

Kosten:

Aufwand für den Menschen:

Schwierigkeitsgrad für das Pferd:

Besonderheiten: Für den Körper, für Boxenruhe

Auch die Beschäftigung des Menschen mit der Fellpflege kann für das Pferd bereichernd sein. Die gegenseitige Fellpflege unter Pferden stärkt die Bindung – und das gilt genauso für Mensch und Pferd. Nicht jedes Pferd zeigt sofort, wo es gern gekratzt oder geputzt werden möchte, doch gerade im Fellwechsel bietet sich eine gute Möglichkeit, die besten Kraulstellen des jeweiligen Pferdes zu entdecken. Wenn sich für eine solche Aktivität Zeit genommen wird, kann dem Pferd nicht nur geholfen werden, sich an Körperstellen zu kratzen, an die es normalerweise nicht herankommt, sondern es gibt auch viel über das Pferd zu lernen. Ist es eher introvertiert oder eher extrovertiert? Kann es sich gut fallen lassen und zeigt ein Kraulgesicht? Oder braucht es Zeit, um sich wirklich zu entspannen und verzieht kaum eine Miene? Wie wird es besonders gern gekratzt? Mit der Hand oder mit einer bestimmten Bürste?

Besonders für Pferde, die nicht rund um die Uhr im Herdenverband leben oder mit der Herde keine Fellpflege machen,

kann diese Art von Enrichment sehr bereichernd sein. Dieses »Komfortverhalten« wie es im natürlichen Verhaltensrepertoire auch von Wildpferden vorkommt, kann als »Einzelhandlung« (beispielsweise Wälzen, Schubbern an einem Baum) oder als soziale Handlung (gegenseitige Fellpflege, Kraulen durch den Menschen) stattfinden. Es ist also auch eine Form des Enrichment beziehungsweise pferdegerechter Haltung, Möglichkeiten (wie einen Baum oder eine Schubberstation), Untergrund (der zum Wälzen geeignet ist) und Platz zu schaffen, um diesem Verhalten nachgehen zu können.

Den Alltag bereichern

Die meiste Zeit seines Lebens verbringt das Pferd ohne den Menschen. Im Vergleich zum Menschen, der circa sieben bis acht Stunden schläft, benötigt das Pferd nur drei bis fünf Stunden Schlaf pro Tag. Das heißt im Umkehrschluss, dass es bis zu einundzwanzig Stunden täglich wach ist und sich beschäftigen möchte. Der Mensch kann das in aller Regel nur für einen Bruchteil der Zeit ermöglichen. Deswegen ist es besonders wichtig, eine angereicherte Umwelt zu schaffen, in der das Pferd sich auch ohne menschliche Kontakte wohlfühlt und regelmäßig unterschiedliche Anreize bekommt. Dazu zählen eine möglichst große Fläche für die freie Bewegung, die über lange Zeit am Tag genutzt werden kann, aber auch soziale Kontakte zu anderen Pferden und das Futter, mit dem das Pferd als Dauerfuttersucher in der Natur mit rund 16 Stunden täglich einen großen Teil seiner Zeit verbringt.

Futter

Generell ist es immer wichtig, auf die individuellen Bedürfnisse des Pferdes zu achten. Auch, wenn Pferde erst einmal alle derselben Spezies angehören und damit gewisse Grundbedürfnisse teilen, können die Ausprägungen dennoch zwischen den Tieren variieren. Insbesondere beim Futter gilt es,

Bei täglich zwei Stunden aktiver Beschäftigung mit dem Pferd.

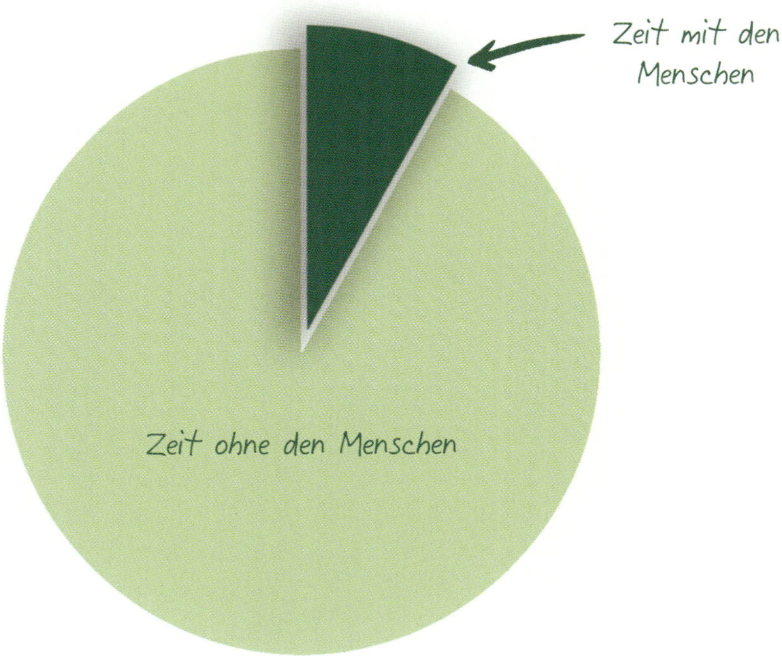

Trainings- und Gesundheitszustand des Pferdes, Unverträglichkeiten und Gegebenheiten am Stall mit einzubeziehen. Nicht in jeder Herde kann bedenkenlos ein neues, aufregendes Futter angeboten werden, ohne dass es zu Streitereien zwischen den Pferden kommt und nicht jedes Pferd profitiert von zusätzlichem Zucker durch weitere Futterangebote. Dementsprechend ist es hierbei besonders wichtig, darüber nachzudenken, welche Futterbereicherungen für den individuellen Fall sinnvoll sind. Mit Bedacht angewandt, können einige dieser Strategien Stress in Pferdeherden aber sogar abmildern und zu einem harmonischeren Miteinander führen. Das ist immer dann der Fall, wenn für die Pferde kein Druck besteht, um die vorhandenen Ressourcen kämpfen zu müssen. Konkret bedeutet das: Wenn ausreichend Fressplätze und genug qualitativ hochwertiges Futter vorhanden ist, schafft das bereits eine Grundlage für ein harmonisches Miteinander der Pferde.

Unterschiedliche Futterangebote, Fresshaltungen und Slowfeeder

Kosten:

Aufwand für den Menschen:

Schwierigkeitsgrad für das Pferd:

Besonderheiten: Für den Körper, für Boxenruhe, für übergewichtige Pferde

Verschiedene Stellen und Arten, das Heu anzubieten, animieren die Pferde dazu, sich zu bewegen und überall das Futter zu probieren. Zusätzlich lindern eine große Anzahl an Fressplätzen Stress in Gruppenhaltungen, da die Pferde sich gegenseitig aus dem Weg gehen können und es seltener zu Futterneid kommt. Auch variierende Fresshaltungen, die aus unterschiedlichen Bereitstellungsmethoden resultieren, sind für den Pferdekörper eine neue Herausforderung.

Während insgesamt eine bodennahe Fütterung mit geradem Hals bevorzugt werden sollte, da sie der natürlichen Haltung entspricht, können auch höhere Positionen zwischendurch eine gute Abwechslung für das Pferd darstellen. Zusätzlich können verschiedene Herausforderungen eingebaut werden, die nicht nur die Fresszeiten verlängern, sondern das Pferd auch geistig fordern. Beispiele dafür sind engmaschige Heunetze, Heutoys oder Heubälle. Letztere gibt es in diversen Varianten. Auch die später noch dargestellte Möhrenangel kann zusätzlich oder ausschließlich mit Heu gefüllt werden. Wichtig ist bei solchen Bällen, darauf zu achten, dass die Verletzungsgefahr möglichst gering gehalten wird: Heubälle, die hängen, sind in der Regel sicherer, da Ponys oder Fohlen nicht hineintreten und steckenbleiben können. Meist treten auch keine Verletzungen in der Maulregion auf, weil es keinen hohen Widerstand beim Reinbeißen gibt, wie es am Boden passieren kann. Um den Schwierigkeitsgrad zu erhöhen, kann der Ball freischwingend aufgehängt werden. Für den Anfang bietet sich jedoch oftmals eine Begrenzung an, damit nicht zu viel Frustration aufgebaut wird, wenn das Pferd kein Futter herausbekommt.
Generell ist es ratsam, solche Spielzeuge nur unter Aufsicht zu verwenden.

Unterschiedliche Arten, das Heu zu präsentieren, fordern Pferde auf verschiedene Weise. Wichtig ist, dass durch die unterschiedlichen Fresshaltungen keine einseitige Belastung von Strukturen wie Nackenband, Muskulatur und Faszien entsteht.

Alternative Raufen

Alternativ können Heunetze in verschiedenen Maschengrößen angeboten werden. Je kleiner die Masche, desto schwieriger ist es für das Pferd, das Futter zu ergattern. Besonders zahnfreundlich sind hierbei Heunetze ohne Knoten. Es sollte außerdem darauf geachtet werden, dass kein Pferd in das Heunetz treten kann.
Wer mag, kann Heunetze auch mit anderen Futterangeboten kombinieren. So können sie zusätzlich mit Futterstroh oder Kräutern bestückt werden, um es für das Pferd gleichermaßen interessanter und schwieriger zu machen.
Zusätzlich gibt es auch Heukisten oder Raufen, die an die Wand montiert werden können. Häufig wird hierbei durch Metallstäbe gefressen, was auch zu einem starken Zahnabrieb sowie Frust führen kann, da es gerade bei kürzeren Halmen teilweise für das Pferd unmöglich ist, an das Futter zu gelangen.

Die Metallstäbe verlangsamen die Futteraufnahme, führen jedoch auch zu Zahnabrieb und Frust.

Generell gilt für Netze und Raufen: Wenn möglich, sollten sie nur einen Teil der Fütterung ausmachen, um keine Verspannungen oder andere Folgeproblematiken durch einseitige und gleichbleibende Fresshaltungen zu provozieren.

Es gibt nicht »die eine« schlechte Fresshaltung. Abwechslung ist auch in Bezug darauf das Allerwichtigste, denn sie fordert und fördert den Pferdekörper. Langfristige, einseitige Belastungen durch beispielsweise nur mit seitlich geneigtem Kopf erreichbare Heuraufen sollten jedoch möglichst vermieden werden. Optimal ist es, wenn das Pferd den größten Teil seiner Fresszeit in natürlicher Fresshaltung mit gesenktem Kopf und in Schrittstellung verbringt, aber auch Anreize bekommt, um immer wieder für eine kürzere Zeit andere Haltungen einzunehmen.

Wer es einfacher mag und einen festen Boden ohne Sand bieten kann, kann das Heu auch lose in Spuren auf dem Boden verteilen. Dabei sollte es so stark auseinandergezogen werden, dass keine Futterhaufen entstehen, sondern nur eine feine Spur, bei der die Pferde stellenweise einzelne Halme vom Boden klauben können. Dies führt nicht nur zu einer verlängerten Fresszeit, sondern befriedigt auch das Bedürfnis der Futtersuche. Dadurch zeigen sich viele Pferde deutlich zufriedener. Aber Achtung: Dadurch nicht zu wenig Futter geben. Am besten wird diese Fütterungsmöglichkeit mit anderen Methoden kombiniert.

Für Fortgeschrittene:
Wenn es keine dauerhafte Fressstelle ist, kann das Futter auch hin und wieder so hoch gehängt werden, dass es für das Pferd nur über ein bereitstehendes Podest oder einen sicheren, rutschfesten Baumstamm erreichbar ist. Hierbei ist aber immer darauf zu achten, dass das Podest keine Gefahrenquelle darstellt, indem es wegrutschen kann oder ähnliches.

Zum Basteln:
Im Trockenen kann auch etwas Selbstgemachtes gut funktionieren: Einfach in einen Karton verschieden große Löcher schneiden und den Karton mit Heu füllen. Abschließend gut verschließen und noch einmal auf scharfe Kanten oder andere Gefahrenquellen überprüfen und schon kann der Spaß für das Pferd losgehen.

Noch mehr Infos dazu im Video!

Zeitgesteuerte Heuraufen

Kosten:

Aufwand für den Menschen:

Schwierigkeitsgrad für das Pferd:

Besonderheiten: Für übergewichtige Pferde

Eine weitere Bereicherung für Pferde können zeitgesteuerte Heuraufen sein. Diese erleichtern nicht nur die Fütterung und Versorgung, sondern animieren die Pferde, Pausen beim Fressen einzulegen und sich regelmäßig zu bewegen. Damit sind sie gleichzeitig auch praktisch für Diäten. Jedoch sind sie teuer in der Anschaffung und wer selbst baut, sollte aufpassen, dass der Schließmechanismus zu jedem Zeitpunkt sicher für das Pferd ist.

Noch mehr Infos dazu im Video!

Wichtig ist, dass ausreichend Zeit zum Fressen für die Pferde eingeplant ist. Damit der Pferdemagen keinen Schaden nimmt, dürfen die Fresspausen vier Stunden keinesfalls überschreiten. Außerdem müssen Pferde täglich eine Fresszeit von mindestens 12 Stunden bekommen.
Damit kein Hunger in den Heupausen entsteht, können ergänzend

Stroh oder Knabberäste zur Verfügung gestellt werden. Außerdem können Fresszeiten durch Heunetze oder Slowfeeder wie oben beschrieben verlängert werden.

Stroh unter das Heu mischen

Kosten:

Aufwand für den Menschen:

Schwierigkeitsgrad für das Pferd:

Besonderheiten: Für übergewichtige Pferde, Kopftraining

Hochwertiges Futterstroh (Weizen, Hafer, Gerste …) kann eine wunderbare Ergänzung im Speiseplan des Pferdes darstellen.
Unter das Heu gemischt, verlängert es die Fresszeiten und führt dazu, dass das Heu ausgiebig gekaut und eingespeichelt wird. Das kann Koliken vorbeugen und beschäftigt die Pferde.

Als zusätzliches Futterangebot, zum Beispiel im Heunetz, kann Stroh Fresspausen überbrücken und stellt somit gerade für übergewichtige Pferde eine zuckerarme Futterquelle dar.

Wichtig bei der Strohfütterung ist neben der optimalen Qualität auch, dass die Pferde immer ausreichend Wasser zur Verfügung haben.

Zu viel des Guten ist leider ungesund. Stroh sollte nie mehr als ein Drittel der Raufutterration ausmachen und es ist ratsam, die Menge langsam zu steigern. Anderenfalls drohen Verstopfungskoliken.
Für lungenkranke Pferde oder alte Tiere mit Zahnproblemen ist Stroh leider keine gute Alternative.

Brennnesseln

Kosten:

Aufwand für den Menschen:

Schwierigkeitsgrad für das Pferd:

Besonderheiten: Für übergewichtige Pferde, für Boxenruhe

Brennnesseln werden häufig nur als unliebsames Unkraut verstanden, das von Mai bis November überall wuchert. Tatsächlich können sie aber eine wunderbare Ergänzung des Speiseplans von Pferden sein. Einige Pferde zupfen sogar an frischen Brennnesseln, die meisten mögen sie aber lieber (an-)getrocknet. Die Pflanze kann einfach mit einer Gartenschere oder Sense abgeschnitten und für ein paar Stunden getrocknet werden, bevor sie dem Pferd angeboten wird. Die Brennnessel ist übrigens schon lange als Heilpflanze bekannt und wird vor allem wegen ihre harntreibenden, entzündungshemmenden und stoffwechselanregenden Wirkungen genutzt. Sie gilt als hilfreich für die Gelenke, das Immunsystem, Fell und Haut, sowie die Nieren. Daher können Brennnesseln auch für den Winter getrocknet werden. Besonders wenn das Pferd nach der Weidezeit ungewohnt lange in der Box stehen muss, kann die Brennnessel entwässernd wirken und geschwollenen Beinen vorbeugen. Dabei sind Brennnesseln mit Samenständen besonders wertvoll, denn in ihnen sind besonders viele Wirkstoffe enthalten.

Pferde sind keine reinen Grasfresser. Sie benötigen mehr als nur Gras/Heu und profitieren von einer Ergänzung des Speiseplans nicht nur mental, indem sie durch neue Reize und sensorische Eindrücke gefordert werden, sondern auch körperlich, unter anderem durch verschiedene Pflanzenstoffe.

Zum Trocknen ist es am besten, die Brennnesseln in kleinen Bündeln unter

das Dach zu hängen, sodass sie viel Luft bekommen. Aber auch eine andere luftige Trocknungsweise, bei der die Pflanzen ausgebreitet werden, kann funktionieren. Gelagert werden sollten die getrockneten Pflanzen dann an einem kühlen, dunklen und trockenen Ort. Wenn sie vollständig getrocknet und zerkleinert werden, können sie als Kräuter über das Futter gegeben werden. Dann sollten sie am besten in einem luftdichten, lichtundurchlässigen Gefäß gelagert werden. Plastikbehälter sind in der Regel nicht geeignet.

Achtung: Handschuhe anziehen, sonst drohen bei frischen Pflanzen unangenehme Hautreaktionen. Außerdem freuen sich auch die Insekten, wenn einige Brennnesseln stehen bleiben, denn sie sind Nahrung für viele Insektenarten.

Salzleckstein

Kosten:

Aufwand für den Menschen:

Schwierigkeitsgrad für das Pferd:

Besonderheiten: Für den Körper

Ein Salzleckstein sollte Pferden immer zur Verfügung stehen und kann ebenfalls als Bewegungsanreiz dienen. Dafür wird er weit weg von anderen Futterstationen platziert. Er kann außerdem auf einem Band aufgefädelt aufgehängt oder in einem Baumstamm oder zwischen Steinen platziert werden, um die Nutzung für die Pferde spannender zu machen. Außerdem ist es möglich, die Position hin und wieder zu variieren. Manchmal trägt das zum Interesse der Pferde bei.

Ein Trend in der Pferdewelt sind sogenannte Minerallecksteine oder Lecksteinbars. Hier werden Salzlecksteinen Mineralien zugesetzt und den Pferden zur freien Verfügung überlassen. Die Idee: Die Pferde können sich genau die Mineralien holen, die sie brauchen.

Diese Lecksteinbars sind jedoch mit Vorsicht zu genießen. Leider ist bislang nicht nachweisbar, dass Pferde tatsächlich selbst »wissen« beziehungsweise wahrnehmen können, was ihr Körper gerade braucht. Mineralstoffe können in diesen Lecksteinbars teilweise stark unter- oder überdosiert und somit toxisch werden. Außerdem gibt es teilweise Wechselwirkungen zwischen verschiedenen Mengen- und Spurenelementen, die nicht außer Acht gelassen werden sollten. Sind solche Lecksteine frei zugänglich, fehlt dem Besitzer außerdem die Kontrolle und der Überblick darüber, wie viel das Pferd zu sich nimmt und ob gegebenenfalls die (Mineral) Futterration angepasst werden sollte. Einige Lecksteine enthalten dabei auch große Mengen zugesetzten Zucker, der die von den Pferden selbst gesteuerte Aufnahme der angestrebten »wertvollen« Inhaltsstoffe erheblich beeinflusst. Häufig sind die zugesetzten Stoffe, die die Lecksteine der Lecksteinbar voneinander unterscheiden, nur in derart geringer Konzentration vorhanden, dass sie zwar keinen Schaden im Pferdekörper anrichten, aber eine sehr teure »Spielerei« darstellen.
Ein Blick auf die Inhaltsstoffe lohnt sich hier in jedem Fall, denn die Mischungen fallen sehr unterschiedlich aus.
Als wichtiger Bestandteil der täglichen Futterration des Pferdes sind normale Salzlecksteine zu betrachten. Alles weitere muss jeder individuell entscheiden. Ein Salzleckstein sollte (außer für Saugfohlen) für Pferde dauerhaft zugänglich sein, um den täglichen Bedarf, insbesondere an Natrium, decken zu können.

Moor

Kosten:

Aufwand für den Menschen:

Schwierigkeitsgrad für das Pferd:

Besonderheiten: Für Boxenruhe

Eine weitaus unbekanntere Nahrungsquelle für das Pferd ist das Naturmoor, das hin und wieder als besonderes Zusatzfutter genutzt werden kann. Laut Hersteller soll es viele Mineralstoffe, Vitamine und Huminsäuren enthalten.

Das Moor kann flüssig vom Pferd ausgeleckt werden und bietet damit eine neue sensorische Erfahrung.

> Wer Moor kaufen möchte, sollte darauf achten, dies aus nachhaltigen Quellen zu tun, um diese schützenswerten Gebiete nicht auszubeuten.

Bäume, Büsche, Kräuter

Kosten:

Aufwand für den Menschen:

Schwierigkeitsgrad für das Pferd:

Besonderheiten: Für übergewichtige Pferde, für Boxenruhe

Zusätzlich zu Heu und Weide ist es möglich, den Pferden ein vielfältiges Nahrungsangebot frei zur Verfügung zu stellen. Hierzu bietet sich gerade bei allen Formen von Offenställen eine Begrünung durch ungiftige Pflanzen an.

Holz und Blätter von Bäumen stehen normalerweise auf dem Speiseplan der Pferde, sodass sie eine sinnvolle Ergänzung sein können. Aber auch Büsche und Kräuterbeete können dazu gehören

und die Pferdehaltung gleichzeitig ökologisch wertvoller gestalten.

> Bei frei zugänglichen Obstbäumen sollte bedacht werden, dass auch die Früchte gern von Pferden vernascht werden. Das kann schnell zu viel werden, sowohl wenn es um den Zuckergehalt geht, als auch um Kerne. Es kann sich dann anbieten, diese Bäume zeitweise abzuzäunen, sodass die Pferde nicht mehr herankommen. Besonders aufpassen sollte man außerdem bei Steinobst, das Pferde nicht fressen sollten.

Beim neuen Anpflanzen ist zu beachten, dass die jungen Pflanzen eine ganze

Zeit lang vor Verbiss durch die Pferde geschützt werden müssen, bis sie sich etabliert haben. Bei Kräuterbeeten ist es immer sinnvoll, mit einem Schutz zu arbeiten, damit die Pflanzen nicht komplett gefressen werden. Hierfür bietet sich zum Beispiel ein Metallnetz als Durchfressgitter an, sofern es keine scharfen Kanten aufweist. Dadurch können die Pferde nur das fressen, was hoch genug gewachsen ist, um hindurchzuragen, doch die Wurzeln bleiben geschützt.

Besteht keine Möglichkeit, etwas anzupflanzen, können Äste und Kräuter auch mitgebracht und in der Box oder dem Auslauf verteilt werden. Hierbei bietet es sich an, einen Teil des Angebotes weiter oben aufzuhängen, damit das Pferd aus unterschiedlichen Fresspositionen fressen kann und sich auch einmal strecken muss. Auch Leckerlis, die versteckt werden, oder Möhrenschalen bieten sich als Möglichkeit zur Futtersuche und Erweiterung des Futterspektrums an. Doch auch Zweige müssen nicht zwangsläufig sofort verfüttert werden. Gebündelt können sie unter Dach getrocknet werden, um sie im Winter zu füttern. Das sogenannte Laubheu sollte trocken geerntet werden, um die Ausbreitung von Pilzen zu verhindern. Ist es fertig getrocknet, bietet es außerhalb der Weidesaison eine Ergänzung für den Speiseplan der Pferde durch weitere Pflanzenstoffe und Holzfasern.

Bitte keine Leckereien im Sandboden auslegen. Das kann dazu führen, dass die Pferde zu viel Sand aufnehmen, der im Darm zu Koliken führen kann.

Pflanzen, die genutzt werden können:

Bäume:
Weide
Birke
Erle
Esche
Hainbuche (Achtung bei anderen Buchenarten: Bucheckern sind giftig für Pferde)
Obstbäume wie Apfel und Birne (ohne Früchte)

Büsche:
Weißdorn
Wildrose
Haselnuss
Holunder
Sanddorn
Hopfen
Schlehe
Himbeere

Kräuter:
Oregano
Thymian
Melisse
Zitronenmelisse
Minze
Lavendel
Brennnessel
Mariendistel
Mädesüß
Liebstöckel
Nachtkerze

Totholzhecke

Kosten:

Aufwand für den Menschen:

Schwierigkeitsgrad für das Pferd:

Besonderheiten: Für übergewichtige Pferde

Totholz ist nicht nur eine tolle Alternative, wenn Lebendholz am Stall nicht angeboten werden kann, sondern ist für alle Pferde eine Bereicherung. In sogenannten Totholzhecken angelegt, ist es ein besonders vielseitiges Element in der Offenstallhaltung: Raumtrenner, Sicht- und Windschutz, Bewegungsanreiz und Nahrungsquelle, da die Rinden der Hölzer von den Pferden gerne angenagt werden.

Totholzhecken sind ein wichtiger Beitrag zur Permakultur.
Nicht nur unsere Pferde mögen Totholzhecken. Auch für viele kleine Tiere bieten diese einen Ort zum Nisten oder einen Unterschlupf. Darüber freuen sich Insekten, Vögel, Pilze und Mikroorganismen.

Wer eine Totholzhecke anlegen möchte, kann sämtliches Schnittgut verwenden, das für Pferde ungiftig ist. Der Bau ist einfach und schnell gemacht: Zunächst werden Pfähle in den Boden eingebracht, die die Größe der Hecke bestimmen. Die gesamte Tiefe der Hecke sollte ca. 0,5 – 1,5 Meter betragen, die Breite kann frei gewählt werden. Es ist aber wichtig, nach jeweils 1 – 2 Metern in der Breite einen weiteren Pfahl zu setzen.

Wenn der Rahmen steht, wird die Hecke befüllt. Unten zunächst mit großen Ästen oder Baumstämmen, dann folgen kleinere Äste und Zweige.
Mit der Zeit verrottet das Holz, sodass es wichtig ist, regelmäßig Material nachzufüllen.

Steine in der Müslischale

Kosten:

Aufwand für den Menschen:

Schwierigkeitsgrad für das Pferd:

Besonderheiten: Kopftraining, für übergewichtige Pferde

Ähnlich wie Slowfeeder-Fressnäpfe für Hunde funktionieren auch Steine in der Müslischale des Pferdes. Durch diese Hindernisse werden die Pferde gezwungen, langsamer zu fressen und sich mehr anzustrengen. Daher kann dies auch für Pferde sinnvoll sein, die durch hastiges Fressen zu Schlundverstopfungen neigen.

Noch mehr Infos dazu im Video!

Wichtig ist, dass die Steine groß genug sind, damit die Pferde sie als Hindernis wahrnehmen und nicht fälschlicherweise in das Maul nehmen.

Saftfutter

Kosten:

Aufwand für den Menschen:

Schwierigkeitsgrad für das Pferd:

Besonderheiten: Für Boxenruhe

Für gesunde Pferde können kleine Mengen Saftfutter als Abwechslung gereicht werden. Entweder im Trog, dann bevorzugt getrennt vom Kraftfutter, als Leckerli im Training oder über eine der anderen Darreichungsformen, die im Buch beschrieben werden.

Neben den Klassikern Apfel, Möhre und Banane gibt es noch unbekanntere Sorten, die zum Saftfutter für Pferde gehören. Dazu zählen Pastinaken, Rote Beete, Sellerie, Wassermelonen, Süßkartoffeln und Fenchel.
Besonders diese ungewöhnlichen Ergänzungen werden nicht von allen Pferden gern gefressen. Das Angebot fordert sowohl den Geruchs- als auch den Geschmackssinn und die Neugierde der Tiere.

Es ist auch möglich, das Saftfutter in Spaghettiform oder als Schalen anstelle von ganzen Stücken zu präsentieren. So können sie ausgelegt oder aufgehängt werden. Zum Aufhängen eignen sich Balken, falls im Stall vorhanden, oder beispielsweise die Möhrenangel, die noch genauer vorgestellt wird.
Generell sollte Saftfutter immer nur in kleinen Mengen gefüttert werden.

> Es muss nicht immer das frische Saftfutter sein. Auch Trockengemüse wie Apfelstückchen oder Möhrenchips bietet eine gute Alternative zum Füttern, die sich praktisch lagern lässt und auch für Futterbälle oder Knabberstämme genutzt werden kann.

Äpfel tauchen

Kosten:

Aufwand für den Menschen:

Schwierigkeitsgrad für das Pferd:

Besonderheiten: Kopftraining, für Boxenruhe

Ein Spiel, an dem Pferde und Kinder gleichermaßen Spaß haben, ist das

Äpfel tauchen. Wie auch in der Kindergeburtstagsversion werden ein Eimer mit Wasser und ein Apfel benötigt. Der Apfel wird in den Eimer gegeben und vor das Pferd gestellt.
Verschiedene Pferde gehen unterschiedlich an die Aufgabe heran. Einige sind zunächst unsicher, andere gehen mutig an die Sache, sind aber schnell wieder frustriert. Beim Beobachten der Lösungsstrategien lässt sich viel über den Pferdecharakter erfahren. In der Regel ist es schwieriger, je größer und tiefer der Eimer ist.

Knabberseile

Kosten:

Aufwand für den Menschen:

Schwierigkeitsgrad für das Pferd:

Besonderheiten: Kopftraining, für Boxenruhe

Knabberseile mit Raufutter oder Saftfutter zum Aufhängen gibt es in vielen Formen und Varianten, zum Kaufen oder selbst basteln, sodass nicht nur für jeden Geldbeutel etwas dabei ist, sondern auch für die Pferde viel Abwechslung möglich ist. Generell gilt: Je freier das Seil schwingen kann und je länger es ist, desto schwieriger wird es für das Pferd. Einige Tiere genießen die Herausforderung, andere sind gestresst oder frustriert, wenn sie nicht an das Futter gelangen. Es ist also sinnvoll, zunächst nicht zu schwer zu beginnen und den Schwierigkeitsgrad dann zu steigern.

Knusperstamm:
Fertig kaufen oder selber basteln – mit einem Stück Baumstamm oder einem dicken Ast kann eine Knabberstation für Pferde erschaffen werden. Dafür wird ein Loch in das unbehandelte Holz gebohrt, durch das ein Seil geschoben wird, um es aufzuhängen. Mit Rinde ist die Station bereits fertig.
Mit ein wenig Geschick können zusätzlich auch Kräutermischungen oder Leinsamen angebracht werden. Hierzu kann eine Paste aus Flohsamenschalen und Wasser angemischt werden. Sie braucht je nach Marke circa zehn bis zwanzig Minuten, bis eine gelartige Masse entsteht, die durch ihre kleisterartige Konsistenz gut als Kleber funktioniert. Auch eine Mischung aus Leinsamenmehl und Wasser (im Verhältnis 1:1) funktioniert gut. Hiermit wird das Holz bestrichen, sodass anschließend die Kräuter darauf verteilt werden können. Wichtig ist dabei, sie nicht zu dick aufzutragen und mindestens 24–48 Stunden frei hängend oder stehend gut durchtrocknen zu lassen.
Für zusätzliche Beschäftigung ist es auch möglich, kleine Löcher in das Holz zu bohren, die mit weiteren kleinen Leckereien bestückt werden.

IMMUNFIT

Wenn kein Seil zur Hand ist, können auch drei stabile Führsticke ohne Elastikeinsatz fest zusammengeflochten werden.
Aber Achtung: Wenn diese Konstruktionen an zwei Seiten befestigt wird, kann sie zur Gefahr werden, da sich eine Schlaufe bildet, durch die Pferde ihre Hufe oder Köpfe stecken können. Daher besser nur an einer Seite aufhängen und sicherstellen, dass alles fest verknotet ist. Außerdem ist auch bei diesen Spielzeugen eine Aufsicht empfehlenswert.

Luzernespielseile:
Fest gepresste Luzerne-Briketts an einem Seil, das frei schwingen kann: Auch das bietet Abwechslung auf dem Speiseplan und eine längere Beschäftigung für das Pferd. Solche Seile können fertig gekauft werden und es gibt oftmals verschiedene Geschmacksrichtungen.

DIY-Pferdespielzeug:
Mit ein bisschen Geschick lässt sich vieles an ein Seil binden, um es zum Pferdespielzeug umzufunktionieren. Von verschieden großen Hölzern, in die Löcher gebohrt werden, über Möhren bis hin zum Salzleckstein, der Kreativität sind keine Grenzen gesetzt. Wer mag, kann auch Klopapierrollen oder Eierkartons einbauen und mit Heu oder anderen Leckereien füllen.

Möhrenangel

Kosten:

Aufwand für den Menschen:

Schwierigkeitsgrad für das Pferd:

Besonderheiten: Kopftraining, für Boxenruhe

Die Möhrenangel ist ein Spielzeug ähnlich einem Heuball. Dieser besteht aus flexiblem, lebensmittelechtem Kunststoff mit kleinen Löchern und kann mit mehreren Möhren bestückt werden. An einem Seil baumelnd kann das Pferd dann versuchen, die Möhren zu angeln. Frei schwingend ist das eine richtige Herausforderung. Wer mag, kann zusätzlich zu den Möhren auch Heu, Stroh oder frische Kräuter ergänzen.
Wie auch bei anderen Spielzeugen dieser Art ist es jedoch empfehlenswert, das Pferd damit nicht allein zu lassen.

Knabberplatte

Kosten:

Aufwand für den Menschen:

Schwierigkeitsgrad für das Pferd:

Besonderheiten: Kopftraining, für Boxenruhe

Die Knabberplatte ist eine Holzplatte mit verschiedenen Vertiefungen, die in Durchmesser und Tiefe variieren können. In und auf der Platte können Kräutermischungen oder Kraft- und Mineralfutter präsentiert werden. Um die Herausforderung zu vergrößern, kann die Kräutermischung außerdem mit einem gesunden Kleber aus Leinmehl oder Flohsamenschalen befestigt werden. Dieser wird mit Wasser angerührt und eine Weile stehen gelassen, bis er eine kleisterartige Konsistenz erreicht. Dann kann er dünn aufgestrichen werden, sodass das Futter daran haftet. So ist es für das Pferd noch schwieriger, an die Leckerei heranzukommen und es muss sowohl die Lippen, als auch Zähne und Zunge verwenden.
Die Knabberplatte kann fertig gekauft oder selbst hergestellt werden. Es sollte jedoch auf die Verwendung von unbehandeltem Holz geachtet werden, das nicht splittert.

Schnüffelteppich

Kosten:

Aufwand für den Menschen:

Schwierigkeitsgrad für das Pferd:

Besonderheiten: Kopftraining, für Boxenruhe

Eine weitere Alternative, um Futter zu verstecken, sind sogenannte Schnüffelteppiche für Hunde. Diese bestehen aus einer Unterlage, auf der unterschiedlich große Stoffstücke angebracht wurden. Dazwischen lassen sich auch für Pferde kleine Pellets, Gemüse oder andere Leckerlis verstecken. So werden die Pferde noch einmal gefordert, wenn sie an das Futter gelangen wollen.

Schnüffelteppiche können fertig gekauft werden, es ist aber auch möglich, sie selbst herzustellen. Dazu wird eine Spülbeckeneinlage oder eine andere Gummimatte mit ausreichend großen Löchern benötigt. Außerdem sollten ein oder zwei Fleecedecken oder andere feste Stoffe zur Verfügung stehen. Der Stoff wird dann in Streifen geschnitten. Hierbei sollte sich an der Größe der Löcher in der Matte orientiert werden, es empfiehlt sich eine Breite von circa zwei bis vier Zentimeter. Mit zunehmender Länge und Breite wird die Schwierigkeit erhöht, weil der Schnüffelteppich dadurch dichter wird. Normal sind circa 30 Zentimeter.

Die einzelnen Streifen werden dann durch die Löcher gezogen und festgeknotet. Das erfordert vor allem ein wenig Geduld.
Bei einem Schnüffelteppich sollte jedoch beachtet werden, dass sich gerade in Stoff schnell Keime ansammeln können. Hygiene ist daher sehr wichtig. Die meisten Schnüffelteppiche können bei 30 bis 40 Grad gewaschen werden, was regelmäßig gemacht werden sollte.

Mittlerweile gibt es auch spezielle Schnüffelmatten für Pferde, die in der Regel nicht aus Stoff, sondern aus lebensmittelechtem Silikon hergestellt werden. Diese sind leichter zu reinigen und können zusätzlich oder alternativ zum Schnüffelteppich verwendet werden.

Schleckmatten

Kosten:

Aufwand für den Menschen:

Schwierigkeitsgrad für das Pferd:

Besonderheiten: Kopftraining, für Boxenruhe

Ähnlich wie die Knabberplatte oder der Schnüffelteppich funktioniert auch die Schleckmatte. Diese sind vielen für Hunde bekannt, wo sie in verschiedenen Ausführungen angeboten werden. Diese können ebenfalls für Ponys verwendet werden. Für große Pferde könnte die Größe teilweise nicht ausreichen, hier hilft leider nur ausprobieren. Mittlerweile gibt es auch Schleckmatten, die speziell für Pferde konzipiert wurden und eine gute Alternative sein können. Es handelt sich bei der Schleckmatte um Silikonmatten mit unterschiedlich starken Erhebungen. In die Furchen kann Futter zum Suchen gefüllt werden. Hierfür bieten sich kleine Leckerlis, Kraft- oder Mineralfutter, Kräuter oder aufgeweichte Heucobs an.

Alternativ lassen sich auch verschiedene Silikonbackformen als Schleckmatte umfunktionieren. Sie können mit verschiedenen Leckereien gefüllt und dem Pferd präsentiert werden. Dabei sollten die Formen nicht zu klein sein, damit keine Gefahr besteht, dass sie heruntergeschluckt werden. Generell sollte das Pferd aus Sicherheitsgründen bei der Nutzung einer Schleckmatte unter Beobachtung bleiben.

Achtung: Andere, größere Matten wie Fußmatten für das Auto werden hin und wieder als Alternative dargestellt. In der Regel eignen sich diese jedoch nicht, da sie nicht lebensmittelecht sind und somit ungesunde Weichmacher oder ähnliches enthalten können.

Futterball

Kosten:

Aufwand für den Menschen:

Schwierigkeitsgrad für das Pferd:

Besonderheiten: Kopftraining, für Boxenruhe

Noch mehr Infos dazu im Video!

Genau wie es für Hunde Leckerlibälle gibt, gibt es diese auch für das Pferd. Dieser Ball kann mit Leckerlis oder Kraftfutter gefüllt werden, sodass das Pferd verschiedene Strategien entwickeln muss, um an das Futter zu gelangen. Sinnvoll ist es, diesen Ball innerhalb von einer Kiste oder einem Flexieimer zu verwenden, damit das Pferd nicht zu viel Dreck oder Sand vom Boden aufnimmt. Bei einem sauberen, festen Untergrund wie Beton kann der Ball natürlich auch so verwendet werden, allerdings sollte dann darauf geachtet

werden, dass das Pferd nicht auf den Ball tritt oder ihn aus dem befestigten Bereich rollt.

Zum Basteln: Eine Alternative oder Erweiterung zu dem gekauften Ball sind selbstgebastelte Rollen. Wer eine Versandrolle zuhause hat, in der zum Beispiel Poster geliefert werden, hat im Grunde das perfekte Objekt. Diese Rollen lassen sich fest verschließen, sodass kein Futter unbeabsichtigt herausfallen kann.
Die Löcher können dann ganz individuell passend für Pferd und Futtermittel entlang der Rolle gesetzt werden. Je kleiner und je weniger Löcher, desto schwerer ist es für das Pferd. In der Regel ist es also sinnvoll, mit relativ vielen großen Löchern zu beginnen.
Diese Rollen lassen sich auch in Mehrfachpackungen kaufen.

Futterbar

Kosten:

Aufwand für den Menschen:

Schwierigkeitsgrad für das Pferd:

Besonderheiten: Kopftraining, für Boxenruhe

Pferde haben häufig ganz eigene Geschmäcker, wie auch wir Menschen sie haben. Es kann daher eine sensorisch anspruchsvolle und stark belohnende Möglichkeit sein, dem Pferd mehrere Futtermittel zum Beispiel in verschiedenen Schüsseln zu präsentieren und es wählen zu lassen, welches es als erstes oder möglicherweise gar nicht fressen möchte. Als Erweiterung ist es auch möglich, dies mit losen (einzelnen) Kräutern zu machen. Dafür eignen sich getrocknete und geschnittene Kräuter besonders gut.
Es wird vielfach angenommen, dass Pferde insbesondere bei Kräutern diejenigen wählen, die ihnen besonders gut tun. Ob das so ist, oder sie nach Geschmack entscheiden, ist zwar noch nicht final geklärt, eine gute Abwechslung für das Pferd ist diese Füttermethode aber in jedem Fall. Auf diese Weise lernen wir auch unsere Pferde und ihre individuellen Vorlieben noch einmal von einer neuen Seite kennen und geben ihnen die Möglichkeit, selbst Entscheidungen über ihr Futter zu treffen.

Auch ein Spaziergang kann eine natürliche »Futterbar« bieten: Mit einem Signal zum Knabbern oder Grasen aufgefordert, können die Pferde beispielsweise an Waldrändern aus einem vielfältigen Futterangebot wählen: Ob Gräser, Kräuter, Blätter von Bäumen oder Sträuchern oder sogar Hagebutten direkt vom Strauch, eine willkommene Abwechslung ist solch ein Spaziergang sicher.

Eine Futterbar kann ganz unterschiedlich aussehen. Entweder von der Natur geschaffen, oder vom Menschen gezielt ausgewählt und erstellt.

Haltung

Die meiste Zeit des Tages verbringt das Pferd ohne den Menschen. Daher ist es besonders wichtig, die Haltung nach Möglichkeit so zu optimieren, dass dem Pferd in seinem Alltag viele Reize begegnen. Diese fördern nicht nur die Bewegung, die das Pferd als Lauftier dringend braucht, sondern sorgen auch für mentale Auslastung.
Dabei sollte täglich freier Auslauf und Kontakt zu mindestens einem anderen Pferd gegeben sein. Darüber hinaus können auch Kontakte zu anderen Tieren, Menschen oder Pferdefreunden, die nicht in der Herde des eigenen Pferdes leben, als Bereicherung dienen. Doch die Haltung setzt sich aus deutlich mehr Aspekten zusammen, die im Folgenden beleuchtet werden sollen.

Funktionsbereiche

Kosten:

Aufwand für den Menschen:

Schwierigkeitsgrad für das Pferd:

Besonderheiten: Für mehr Selbstwirksamkeit

Häufig wird davon gesprochen, dass ein Pferd in »in einem Stall steht«. Damit das Pferd nicht tatsächlich nur steht, kann der Bereich, in dem es lebt, in verschiedene Funktionsbereiche eingeteilt werden. Dies führt dazu, dass das Pferd zu mehr Bewegung angeregt wird, weil es zum Beispiel zum Trinken eine Wegstrecke zurücklegen muss. Außerdem kann es den Stress in einer Herde reduzieren, da die Pferde zum Fressen und Ruhen genug Freiraum haben und sich nicht gegenseitig dabei stören.
In der Natur konnte beobachtet werden, dass Pferde bewusst die Bereiche, in denen sie fressen, von den Bereichen, in denen sie schlafen oder äppeln, voneinander trennen. Somit entspricht eine Aufteilung des Lebensraums der Pferde in verschiedene Funktionsbereiche den natürlichen Bedürfnissen des Pferdes. Konkret bedeutet das, dass verschiedene Bereiche angelegt werden, die für das Pferd jeweils eine bestimmte Funktion erfüllen. So kann der Bereich des Fressens von dem Bereich des Schlafens, der eingestreut ist, getrennt werden.

Aber Achtung: Vorgegebene Funktionsbereiche werden von Pferden nicht immer gut angenommen. Am besten funktioniert es, indem die Pferde beobachtet werden und die von ihnen gewählten Stellen für bestimmte Tätigkeiten optimiert werden. Das bedeutet zum Beispiel: Wo die Pferde schlafen, könnte der Untergrund angepasst werden und

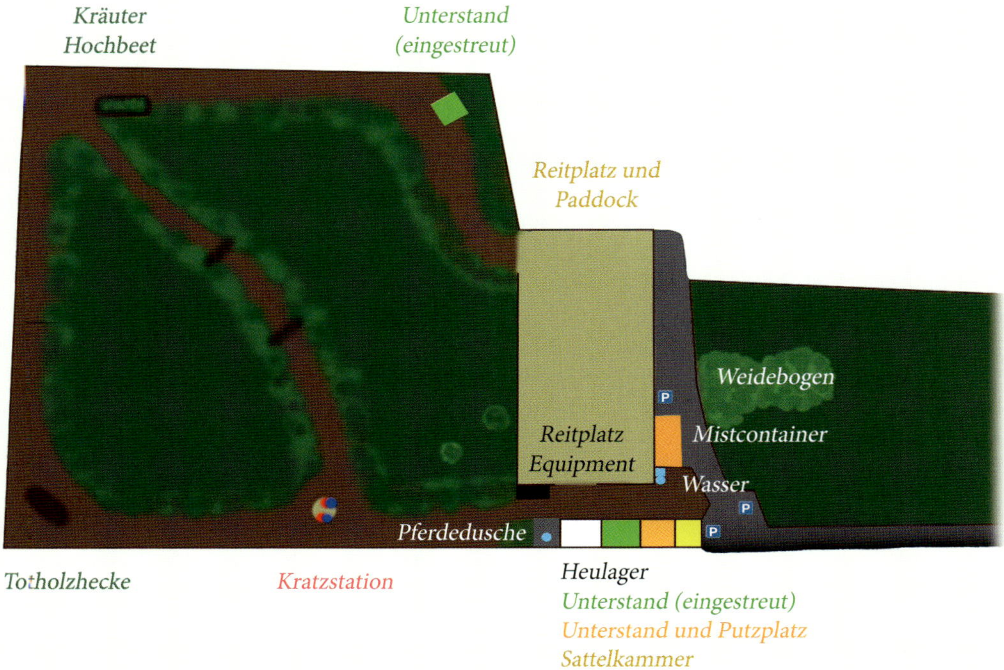

Funktionsbereiche und mögliche Aufteilung

wo sie äppeln, sollte nicht gefüttert werden. Natürlich kann der Mensch dem Pferd auch Angebote machen, jedoch kann es sein, dass der eigentlich perfekte Plan nicht aufgeht, weil er für die Pferde nicht passend ist.
Um Funktionsbereiche zu nutzen, ist natürlich eine gewisse Flächengröße unabdingbar. Jedoch ist es auch auf kleinen Flächen möglich, Funktionsbereiche zu schaffen. Oftmals eignen sich Raumteiler, wie auf dem Boden liegende Baumstämme, um auch optisch eine Trennung zu erreichen.
In einem großen Stil wird die Trennung von Funktionsbereichen dann in sogenannten Paddock Trails umgesetzt.

Paddock Trail

Kosten:

Aufwand für den Menschen:

Schwierigkeitsgrad für das Pferd:

Besonderheiten: Für übergewichtige Pferde, für mehr Selbstwirksamkeit

Der Paddock Trail orientiert sich an dem Verhalten von Wildpferden, die in der Regel bestimmte Wege regelmäßig ablaufen und somit Trampelpfade entstehen lassen. Diese Wege werden

in der Paddock Trail Haltung nachgeahmt, indem künstliche Wege angelegt werden. Diese verbinden verschiedene Funktionsbereiche.
In der Regel wird in einem Paddock Trail ein Weg von vier bis fünf Metern Breite rund um die Wiese angelegt. Je nach Flächengröße können so Wege von mehreren hundert Metern bis zu mehreren Kilometern erreicht werden, die die Pferde in verschiedenen Gangarten zurücklegen können. Meistens werden über den Trail verteilt verschiedene Futterstationen angeboten, so dass die Pferde regelmäßig ihre Position wechseln und ihr natürliches Bedürfnis nach Futtersuche befriedigen können.

Auch das Wasser kann ein Anreiz zur Bewegung sein. Es sollte jedoch nicht zu weit entfernt sein, damit auch bei Hitze oder im Alter der Weg zum Wasser oft genug zurückgelegt wird, damit alle Pferde genug trinken.
Weitere Bewegungsanreize können verschiedene Hindernisse, Hügel, Totholzhecken, Lecksteine, Kräuterbeete oder Weideflächen sein.

Diese Haltung kommt dem natürlichen Bedürfnis des Lauftieres Pferd am nächsten, ist allerdings noch nicht sehr weit verbreitet und benötigt eine größere Fläche als klassische Haltungssysteme sowie ein gutes Management. Dennoch

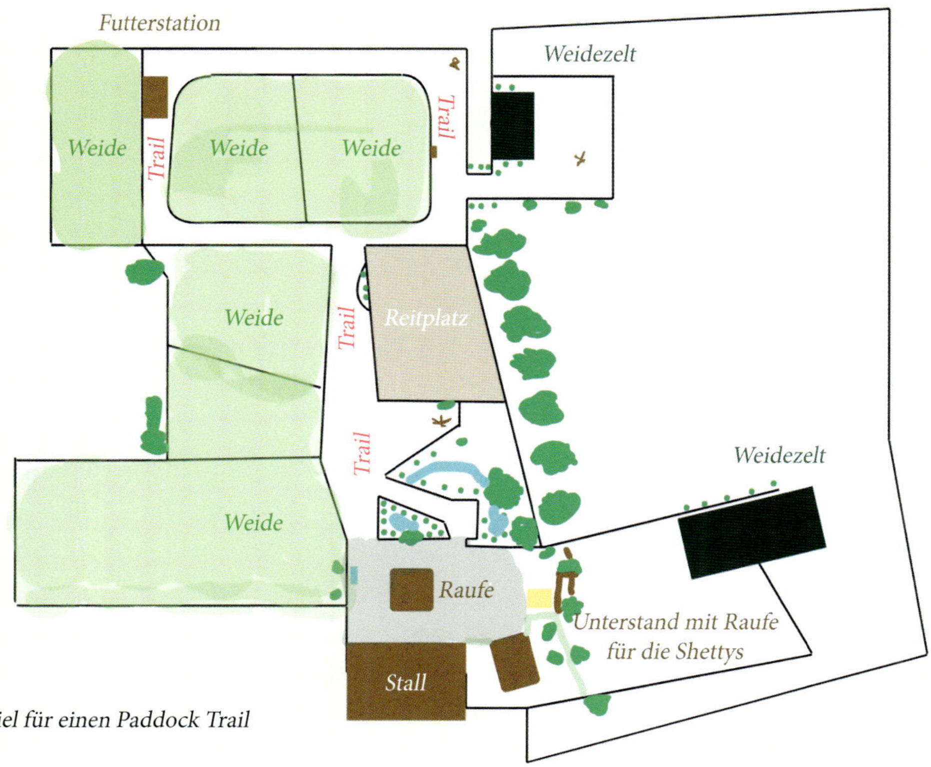

Beispiel für einen Paddock Trail

ist auch auf kleinen Flächen mit etwas Geschick eine Paddock Trail Haltung möglich und jeder weitere Bewegungsanreiz kann als Enrichment für das Pferd angesehen werden.
Kommen dann noch verschiedene Untergründe, Steigungen, Treppen, Wasserstellen zum Hindurchlaufen oder ähnliches hinzu, befindet sich das Pferd in einer stark angereicherten Umgebung. Das bedeutet, dass es im Alltag bereits viel erlebt, sich trainiert und seinen Körper stärkt. Dies ist von großem Vorteil für den Menschen, da er in der Regel ein ausgeglichenes, neugieriges und konditionell gut trainiertes Pferd vor sich hat. In dieser Haltung ist jedoch wie in jeder anderen Gruppenhaltung auch enorm wichtig, dass die Herde zusammenpasst und die Pferde ausreichend Möglichkeiten zum Ausruhen haben.

Raumteiler

Kosten:

Aufwand für den Menschen:

Schwierigkeitsgrad für das Pferd:

Besonderheiten: Für übergewichtige Pferde, für den Körper

Sowohl für die Herstellung von Funktionsbereichen, als auch für die Planung eines Paddock Trails sind Raumteiler in der Regel unerlässlich. Sie sorgen dafür, dass Funktionsbereiche voneinander getrennt sind und Pferde einen Anreiz haben, sich zu bewegen. Als Raumtrenner sowie Windschutz bieten sich die bereits genannten Totholzhecken an, die zudem auch noch ein Nahrungsangebot für das Pferd und andere Lebewesen darstellen. Darüber hinaus gibt es jedoch weitere Raumteiler, die ebenso gut funktionieren. Hierzu bieten sich Zäune, aber auch große Baumstämme an. Letztere können zusätzlich mit Bürsten oder Besenköpfen bestückt werden, sodass sie gleichzeitig als Kratzstation dienen können.

Kratzstationen

Kosten:

Aufwand für den Menschen:

Schwierigkeitsgrad für das Pferd:

Besonderheiten: Für den Körper, für mehr Selbstwirksamkeit

Besonders im Fellwechsel können Pferde unter Juckreiz leiden. Nicht immer kommt es an alle Stellen selbst gut genug heran. Und auch die Fellpflege mit anderen Pferden ist nicht immer ausreichend. Daher werden Kratzstationen nicht nur von Ekzemern gut angenom-

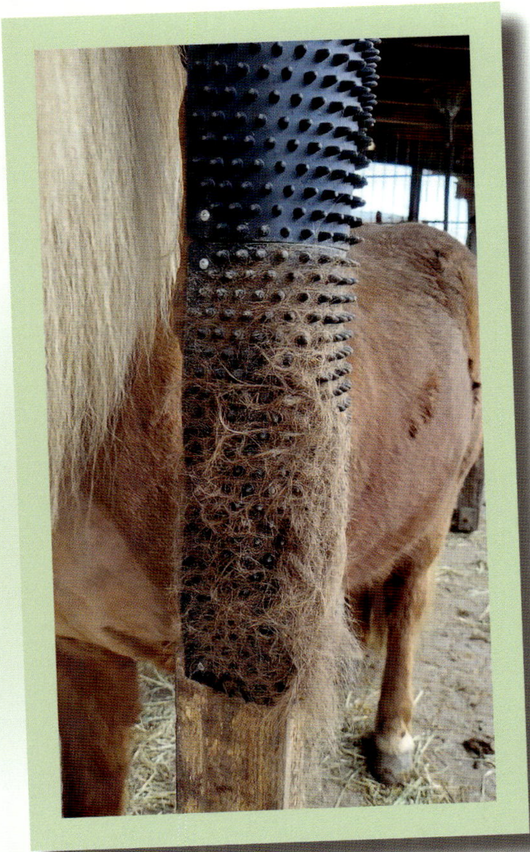

men. Sie können einen weiteren Funktionsbereich darstellen und somit auch einen Bewegungsanreiz.
Der Kreativität sind hier keine Grenzen gesetzt, es gibt verschiedene Kratzelemente, wie Matten oder Viehbürsten, zu kaufen. Jedoch können auch verschiedene Besen und Bürsten zum Kratzen dienen. Es lohnt sich, verschieden harte und große Elemente anzubringen, sowie unterschiedliche Höhen anzubieten. Auch auf Höhe des Bauches oder der Beine können Kratzelemente angebracht werden, hierbei ist jedoch darauf zu achten, dass sie keine Gefahr für das Pferd darstellen.
Es lohnt sich außerdem, verschiedene Stellen auszuprobieren, da nicht jede Stelle von allen Pferden gleich gut angenommen wird.
Wie eine solche Station aussieht, hängt vor allen Dingen von den Gegebenheiten am Stall ab. So kann ein Baum bereits ausreichend sein, dieser kann jedoch auch mit Bürsten bestückt werden. Möglicherweise gibt es eine freie Wand, die hierfür genutzt werden kann, oder es wird ein Pfosten hierfür einbetoniert. Wichtig ist nur, dass die Stelle stabil genug ist, um das volle Gewicht der Pferde auch auf Dauer auszuhalten.

Die Kratzelemente sollten regelmäßig enthaart und von Zeit zu Zeit, je nach Stärke der Abnutzung, ausgetauscht werden.

Wasserfurt

Kosten:

Aufwand für den Menschen:

Schwierigkeitsgrad für das Pferd:

Besonderheiten: Für den Körper, für mehr Gelassenheit, für mehr Selbstwirksamkeit

Ein besonderes Element im Paddock Trail, Aktivstall oder Laufstall kann eine Wasserfurt sein. Dabei handelt es sich um einen Wasserdurchgang, der den Pferden zur freien Verfügung steht. Dieser kann durchlaufen werden, um zum Beispiel den Blutfluss anzuregen, den Kreislauf zu stärken, sowie den Pferden Abwechslung zu bieten. Natürlich können die Pferde die Furt theoretisch auch zum Trinken nutzen.

Eine gute Möglichkeit, eine solche Wasserfurt einzubauen, ist, sie für eine Abkürzung zu nutzen. So haben die Pferde die Wahl, ob sie den schwierigeren, aber kürzeren Weg durch das Wasser wählen, oder den längeren, aber einfacheren Weg. Die Furt sollte niemals als einzige Option zur Verfügung stehen, sodass die Pferde gezwungen sind, hindurchzulaufen.

Beim Bauen einer solchen Wasserfurt sollten außerdem verschiedene Dinge beachtet werden. Zum einen sollte der Boden griffig sein, sodass die Pferde sich beim Hindurchlaufen nicht verletzen. Zum anderen ist es nicht überall erlaubt, eine solche Wasserfurt ohne Baugenehmigung anzulegen. Hierzu ist es wichtig, sich zunächst zu informieren.

Erhöhtes Stehen

Kosten:

Aufwand für den Menschen:

Schwierigkeitsgrad für das Pferd:

Besonderheiten: Für übergewichtige Pferde, für mehr Gelassenheit, für mehr Selbstwirksamkeit

Da Pferde Beutetiere sind, ist es für sie wichtig, ihre Umgebung gut im Blick behalten zu können. Hierzu werden gerne erhöhte Positionen aufgesucht, von denen aus sie alles gut überblicken können. Auch unsere domestizierten Pferde genießen häufig diesen Überblick. Hierzu kann ein Hügel dienen, der für die Pferde aufgeschüttet und verdichtet wird. Es können jedoch auch alternativ verschiedene Arten von Podesten frei zur Verfügung gestellt werden, sofern sie keine Verletzungsgefahr für die Pferde darstellen. Es sollte darauf geachtet werden, dass das Podest schwer genug ist, um nicht von den Pferden umgestoßen zu werden. Hierzu können beispielsweise Traktorreifen mit Steinen befüllt werden, wobei darauf zu achten ist, dass sie bis zum Rand gefüllt sind, sodass das Pferd nicht mit dem Huf in den Reifen rutschen kann.

Treppen

Kosten:

Aufwand für den Menschen:

Schwierigkeitsgrad für das Pferd:

Besonderheiten: Für den Körper, für mehr Gelassenheit

Um eine erhöhte Position zu erreichen, können den Pferden auch Treppen angeboten werden. Auch einzelne Treppenstufen können in die Haltung integriert werden, sodass die Pferde regelmäßig ihre Muskulatur und Koordination trainieren. Sobald mehrere Stufen aufeinander folgen, ist es in der Regel sinnvoll, darauf zu achten, dass die einzelnen Stufen für die Pferde lang genug sind. Ein gutes Maß hierfür ist, dass das Pferd auf jeder Stufe komplett stehen kann. Jedoch können Pferde auch lernen, kleinere Stufen zu nehmen.

An diese sollten sie jedoch langsam herangeführt werden. Außerdem sollte darauf geachtet werden, dass mehrere Stufen nicht in Engstellen verwendet werden, durch die Pferde sich in einer Herde gegenseitig scheuchen können, da dies die Verletzungsgefahr erhöht. In Einzelhaltung oder mit einer kleinen ruhigen Gruppe kann auch das möglich sein, ohne dass sich dadurch die Verletzungsgefahr erhöht.

Wenn Pferde im Alltag regelmäßig mit verschieden hohen und langen Stufen konfrontiert sind, lernen sie ihren Körper besser kennen. Es fördert zudem die Trittsicherheit, wenn Pferde solchen

besonderen Bodenbeschaffenheiten ausgesetzt sind.
Treppen können dabei unterschiedliche Formen annehmen. In befestigten Ställen sind sie teilweise in Form von Betonstufen zu finden. Im naturnaheren Offenstall kann es sein, dass eine Steigung durch die Abtrennung mit Baumstämmen und das Abtragen von Bodenmaterial zu einer Treppe verändert wird. Alternativ kann auch aus Holz eine Treppe gebaut werden, sofern diese das Gewicht der Pferde tragen kann. Am besten sollte dann jedoch eine Antirutschmatte oder Stallmatte auf der Oberfläche befestigt werden, um die Verletzungsgefahr zu verringern.

Ecken entschärfen

Kosten:

Aufwand für den Menschen:

Schwierigkeitsgrad für das Pferd:

Besonderheiten: Für mehr Gelassenheit

Eine einfach umsetzbare, aber sehr effektive Änderung der Haltung kann das Entschärfen von Ecken sein. Dies ist sinnvoll, sobald mehr als ein Pferd in einem Bereich lebt. Konkret bedeutet das, dass 90-Grad-Ecken vermieden werden sollten. Steilere Winkel sollten sowieso nicht verwendet werden. Vermieden werden können diese rechtwinkligen Ecken, indem sie durch 45-Grad-Winkel ersetzt werden. In einem Stall kann dies bedeuten, dass ein Brett im entsprechenden Winkel auf Sichthöhe des Pferdes angebracht wird, sodass die Ecke nicht vollständig genutzt werden kann. Wird ein Elektrozaun verwendet, so ist es noch einfacher umsetzbar, da hierfür lediglich ein Pfosten in der Ecke weggenommen werden muss.
Sinn und Zweck dieser Änderung ist es, dass Pferde nicht mehr in Ecken getrieben werden können, aus denen sie nicht mehr herauskommen. Sind keine Ecken vorhanden, können Pferde jederzeit vor Auseinandersetzungen mit Herdenmitgliedern fliehen. Dies senkt enorm das Stresspotential, sowie die Verletzungsgefahr.

Unterschiedliche Bodenbeschaffenheiten

Kosten:

Aufwand für den Menschen:

Schwierigkeitsgrad für das Pferd:

Besonderheiten: Für den Körper, für mehr Gelassenheit

Für Pferde sind verschiedene Bodenbeschaffenheiten sehr wichtig. Dabei können harte und weiche Böden genutzt werden. Immer wieder wird auch empfohlen, sich an den Gegebenheiten des Ausreitgeländes zu orientieren, wenn das Pferd ausgeritten werden soll, damit die Hufe sich an die Untergründe anpassen können.

In einer Haltung, in der die Pferde sich viel bewegen, können verschiedene Böden dazu beitragen, dass sich die Hufe zu einem großen Teil selbst bearbeiten. Hierzu sind vor allem Böden, in denen die Hufe einsinken und für Abrieb sorgen, hilfreich. Das kann zum Beispiel ein tieferer, grobkörniger Sand oder größere, runde Kieselsteine sein.

Auch Bändern, Sehnen und Gelenken tut es gut, wenn sie verschiedenen Reizen ausgesetzt sind. Als Böden eignen sich zum Beispiel Beton, Hackschnitzel, Kunstrasen, Paddockplatten, Waldboden und Gras. Zusätzlich können Sandflächen zum Wälzen sinnvoll sein, um das Wohlbefinden der Pferde zu steigern. Für kürzere Laufstrecken sind jedoch auch Rundkies und Rasengittersteine gute Optionen. Jeder variierende Untergrund ermöglicht dem Pferd die Wahrnehmung neuer Reize. Diese sind wichtig, damit das Pferd ein gutes Körpergefühl entwickelt und den wechselnden Anforderungen anpasst. Gerade Betonböden oder tiefe Sandböden sind als alleinige Untergründe eher schlecht geeignet, da sie eine größere Belastung für die Gelenke beziehungsweise Sehnen darstellen können.

Bereicherung im Training

Beschäftigung im Stehen

Auch wenn aus verschiedenen Gründen kein Training in Bewegung stattfinden kann, zum Beispiel weil das Pferd krank ist und Boxenruhe verordnet bekommen hat, oder weil im Winter alle Böden vereist sind, kann Enrichment stattfinden. Für die körperlich anspruchsvollen Trainingsmöglichkeiten, wie einige Zirkuslektionen, sollte es allerdings eine Möglichkeit geben, das Pferd vorher aufzuwärmen. Außerdem sollte bei einem kranken Pferd immer im Vorfeld abgeklärt werden, ob es dieses Training machen darf.

Auch wenn der Alltag den größten Teil des Pferdelebens ausmacht, so ist das Training mit dem Menschen dennoch kein unwichtiger Teil seines Lebens. Dem Menschen bietet sich in dieser Zeit die Möglichkeit, Enrichment aktiv am Pferd umzusetzen. Dafür werden vielfach nicht einmal große Flächen benötigt, sodass selbst bei gefrorenen oder matschigen Böden im Winter Bereicherung durch Training geschaffen werden kann, die den Kopf und den Körper des Pferdes auslastet.

Malen

Kosten:

Aufwand für den Menschen:

Schwierigkeitsgrad für das Pferd:

Besonderheiten: Kopftraining, für Boxenruhe

Eine spannende und anspruchsvolle Form des kognitiven und kreativen Enrichments für Pferde ist das Malen mit einem unbehandelten Holzpinsel.

Dabei kommen pferdegerechte Farben, zum Beispiel auf Leinmehlbasis mit natürlichen Farbpigmenten wie Rote-Bete- oder Spirulina-Pulver, zum Einsatz. Pferde lernen, den Pinsel zu halten, ihn über die Leinwand zu führen oder Farbpunkte zu setzen, während sie gleichzeitig ihre Körperkontrolle und Konzentration verbessern. Diese Art des Trainings fördert spielerisch die Problemlösefähigkeiten und die Interaktion mit ihrer Umwelt und trainiert den Pferdekopf mit einer ungewöhnlichen Koordinationsaufgabe.

Schritt-für-Schritt-Anleitung für das Malen:

1. Bereite die Materialien vor: Einen unbehandelten Holzpinsel, pferdegerechte Farben (z. B. auf Leinmehlbasis und Naturfarbpulver), eine stabile Leinwand oder ein dickes Papier.

2. Stelle sicher, dass der Malbereich sicher ist und das Pferd ausreichend Bewegungsfreiheit hat.

3. Zeige dem Pferd den Pinsel, die Leinwand und die Farben, lass es sie vorsichtig erschnuppern oder berühren.

4. Übe das Aufnehmen und Halten des Pinselgriffs zwischen den Vorderzähnen beziehungsweise Lippen des Pferdes in kleinen Schritten und mehreren Einheiten.

5. Tauche den Pinsel in Farbe, lass das Pferd den Pinsel aufnehmen und ermuntere das Pferd mit positiver Verstärkung (Lob), den Pinsel in Richtung der Leinwand zu bewegen.

6. Gib dem Pferd die Wahl, wann es malen möchte und wie lange es dabei bleibt, ohne Druck auszuüben.

7. Belohne jedes Engagement positiv, z. B. mit Streicheleinheiten, Kraulen an der Lieblingsstelle oder einem kleinen Leckerli.

8. Lass das Kunstwerk trocknen und wiederhole das Training in kurzen Einheiten, um Motivation und Freude an dem Alltagsabenteuer aufrechtzuerhalten.

Medical Training

Kosten:

Aufwand für den Menschen:

Schwierigkeitsgrad für das Pferd:

Besonderheiten: Für mehr Selbstwirksamkeit, Kopftraining, für Boxenruhe

Medical Training ist eine sehr sinnvolle Beschäftigung für Pferd und Mensch, welche für beide eine anspruchsvolle Abwechslung bietet und gleichzeitig sehr nützlich für den nächsten Tierarztbesuch ist.
Beim Medical Training geht es darum, das Pferd so vorzubereiten, dass es medizinische Behandlungen möglichst stressfrei und freiwillig absolviert. In der Regel wird über positive Verstär-

kung trainiert. So können zum Beispiel Impfungen, Blutentnahmen, Röntgenaufnahmen, Zahn- oder Augenuntersuchungen in einem geschützten Rahmen trainiert werden. Häufig wird dabei mit Kooperationssignalen gearbeitet, die dem Pferd die Sicherheit geben, dass nur mit seinem Einverständnis an ihm gearbeitet wird.
Besonders wichtig ist es, kleinschrittig vorzugehen und zu wissen, was erreicht werden soll. Auch ein Basiswissen über Clickertraining und eine gute Futterhöflichkeit helfen sehr.

Medical Training ist eine sehr gute Bereicherung für das Pferd, da es viele Reize erhält: Es wird mit neuen Gegenständen konfrontiert, wird dazu animiert, mitzudenken und erhält Futterlob.
Der Aufbau einzelner Medical Trainings kann hier nicht vollständig dargestellt werden – es gibt hierzu viele Angebote rund um Bücher, Seminare und Vorort-Trainings.

Zirkuslektionen

Kosten:

Aufwand für den Menschen:

Schwierigkeitsgrad für das Pferd:

Besonderheiten: Kopftraining, für den Körper

Auch die Erarbeitung von Zirkuslektionen, besonders wenn das Training positiv verstärkt stattfindet, ist ein Teil des Enrichments. Pferde lernen dabei ihren Körper anders kennen, müssen

herausfinden, was sie machen sollen und erlangen über Erfolge mehr Selbstvertrauen. Wichtig ist hierbei, darauf zu achten, dass der Mensch bereits weiß, wie er die Lektionen erarbeitet, um keinen unnötigen Stress zu erzeugen. Außerdem hilft es, sich im Vorfeld Gedanken darüber zu machen, warum bestimmte Lektionen erarbeitet werden sollen oder auch nicht. Generell sollte auch über gesundheitliche Faktoren nachgedacht werden, da manche Lektio-

nen wie das Kompliment eine größere Belastung auf Strukturen in den Beinen mit sich bringen.
Mögliche Zirkuslektionen sind zum Beispiel das Lächeln, Kopfschütteln, der spanische Gruß/Schritt, das Hinlegen, Kompliment oder Steigen. Ausführlichere Informationen zur Erarbeitung dieser Lektionen finden sich in zahlreichen Fachbüchern.

Tee

Kosten:

Aufwand für den Menschen:

Schwierigkeitsgrad für das Pferd:

Besonderheiten: Für übergewichtige Pferde, für Boxenruhe

Eine einfache Möglichkeit für Enrichment ist, dem Pferd einen Tee zu kochen. Gerade im Winter ist das beliebt, aber auch im Sommer kann es helfen, damit das Pferd ausreichend Flüssigkeit zu sich nimmt. Hierzu können verschiedene Teesorten oder auch Kräuter für Pferde aufgekocht und ausprobiert werden, solange die Inhaltsstoffe für Pferde geeignet sind. In der Regel zeigen auch Pferde Vorlieben für verschiedene Geschmackssorten. Wichtig ist nur, dass der Tee ausreichend lange abkühlt, bevor er dem Pferd angeboten wird. Es ist außerdem möglich, mehrere Teesorten vorzubereiten und in separaten Behältern nebeneinander vor das Pferd zu stellen, sodass es überall probieren kann. Am besten wird dies mit mehreren Pferden (nacheinander) gemacht, um möglichst wenig Tee zu verschwenden.

Bei mehreren Teesorten wird das Pferd besonders gefordert, da es jedes Mal beim Probieren einen neuen Reiz und einen neuen Geschmack erhält.
Sollte das Pferd den Tee pur nicht trinken, kann er auch zur Zubereitung von Heucobs oder Mash verwendet werden.

Beispiele für Kräuter und Früchte, die als Tee aufgekocht werden können

- Kamille
- Fenchel
- Salbei
- Anis
- Kümmel
- Brennnessel
- Melisse
- Spitzwegerich
- Isländisch Moos
- Hagebutte
- Pfefferminz

Achtung: Bei Turnierpferden ist Vorsicht geboten, denn einige Kräuter stehen auf der Dopingliste.

Die Körperwahrnehmung schulen

Die Körperwahrnehmung des Pferdes kann nicht nur in seinem Alltag verbessert werden, indem verschiedene Untergründe und Bodenbeschaffenheiten im Stall angeboten werden, sondern auch im Training kann das Körpergefühl geschult werden. Für die meisten Pferde ist das eine gesunde Ergänzung zu ihrem normalen Trainingsprogramm. Denn durch unterschiedliche Untergründe wird das Pferd trittsicherer, lernt seinen Körper besser kennen und baut Tiefenmuskulatur auf. Ein Pferd, das eine gute Körperwahrnehmung hat, stolpert weniger, ist auch in unwegsamem Gelände sicher, verletzt sich seltener und erschrickt nicht so schnell.
Sollte das Pferd jedoch eine Vorerkrankung haben, die orthopädischer Natur ist, ist es wichtig, ein solches Training mit dem behandelnden Tierarzt oder der behandelnden Tierärztin abzusprechen.

Instabile Untergründe

Kosten:

Aufwand für den Menschen:

Schwierigkeitsgrad für das Pferd:

Besonderheiten: Für den Körper, für übergewichtige Pferde, für mehr Gelassenheit

Das Training auf instabilen Untergründen besteht darin, dass das Pferd auf spezielle Matten oder Ähnliches gestellt wird und sich selbst darauf ausbalanciert. Das klingt zunächst sehr einfach, ist es für das Pferd jedoch in der Regel nicht. Daher lohnt es sich, auch dieses Training langsam zu beginnen und Schritt für Schritt auszubauen. Für den Anfang eignen sich Balance Pads sehr gut, da sie auch nur unter einzelne Hufe gelegt werden können. Hierzu eignen sich normale, für den Menschen erdachte Balance Pads aus Schaumstoff, die einige Zentimeter dick sind. Diese werden vorsichtig unter einem Huf platziert, der mit Bedacht darauf gestellt wird. Viele Pferde finden das zunächst komisch und versuchen, den Huf neben dem Pad abzustellen oder das Pad zur Seite zu schieben. Wenn das auftritt, sind Geduld und Feingefühl gefragt. In der Regel braucht es mehrere Anläufe, in denen das Pferd nicht für die »falsche« Reaktion bestraft werden sollte.

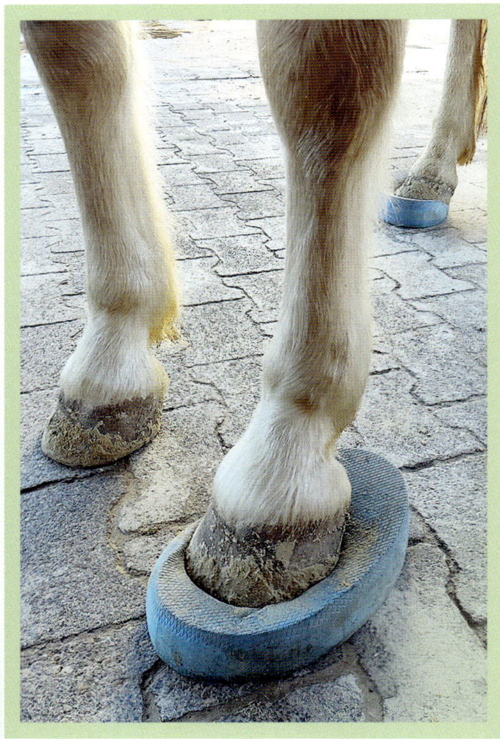

Steht es sicher auf einem Pad, kann der Mensch abwarten. Das Pferd wird schnell beginnen, in sich hineinzuspüren. Sichtbar wird das oftmals durch blinzeln, schlecken oder kauen, aber auch dadurch, dass sich die Muskulatur an- und entspannt oder das Pferd leicht schwankt. In diesem Zustand sollte das Pferd belassen werden. Weitere Kommandos oder Versuche, die Haltung zu verändern, sind gerade zu Beginn dieser Arbeit eher kontraproduktiv.

Wenn das Pferd sicher und über einen längeren Zeitraum auf einem einzelnen Balance Pad stehen bleibt, kann eine Steigerung der Schwierigkeit erreicht werden, indem es auf bis zu vier Balance Pads gestellt wird. Dabei sollte ebenfalls wieder langsam und schrittweise vorgegangen werden. Oftmals ist es für die Pferde einfacher, die Vorderhufe auf die Pads zu stellen, als die Hinterhufe. Kennt das Pferd die Arbeit mit den Balance Pads jedoch, kann auch die Position der Pads variiert werden, indem beispielsweise ein diagonales Beinpaar auf den instabilen Untergrund gestellt wird.

Eine Alternative dazu sind Matratzen, Turn-, Gymnastik- oder Fallschutzmat-

ten. Alles was eher weich und instabil, aber ungefährlich ist. Nicht geeignet sind jedoch mit Luft gefüllte Kissen, da diese zu unsicher sind und den Sehnen schaden können.

Viele Pferde finden diese neuen Untergründe zunächst unheimlich und wollen sich nicht darauf stellen. Es lohnt sich, ihnen hier genug Zeit zu geben. Viele genießen diese Form der Arbeit dann sehr. Einige können darauf richtig entspannen.

> Es ist empfehlenswert, bei dieser Art des Trainings nicht mit Leckerlis oder positiver Verstärkung zu arbeiten, da die Pferde dann dazu neigen, über ihre Schmerzgrenze hinauszugehen.

Dieses Training ist am Anfang sehr anstrengend und es sollte darauf geachtet werden, dass die Pferde nur wenige Minuten darauf stehen. In der Regel wissen sie selbst am besten, wie lange ihnen das Training gut tut. Wenn das Pferd also nach kurzer Zeit bereits vom Balance Pad oder ähnlichem absteigt, dann ist das für den Anfang in Ordnung. Die Zeit wird sich in der Regel verlängern, es kann jedoch auch sein, dass das Pferd an bestimmten Tagen kein Bedürfnis verspürt, sich auf die instabilen Untergründe einzulassen oder zu gestresst dafür ist. Dies sollte dann auch akzeptiert werden.

Zum Basteln: Eine weitere Möglichkeit zum Training der Tiefenmuskulatur ist es, ein sogenanntes Tennisballbrett zu bauen. Das ist genau das, wonach es klingt. Dafür werden Tennisbälle halbiert und auf ein Brett montiert. Da die Bälle nachgeben und einen unebenen Untergrund darstellen, müssen Pferde auch darauf gut auf ihren Körper achten, um sich ausbalancieren zu können. Auch Balance Pads können mit ein wenig Geschick etwas abgewandelt und selbst hergestellt werden. Hierzu können Waschlappen mit verschiedenen Materialien befüllt werden. Dazu eignen sich unterschiedlich große Steine, Sand oder Reis. Nach dem Befüllen einfach zunähen und gegebenenfalls mit Panzertape stabilisieren. So können unterschiedliche Untergründe für das Pferd hergestellt werden. Gerade wenn mit Sand oder Reis gearbeitet wird, sollte jedoch darauf geachtet werden, dass der Waschlappen nicht nass wird, um ein Aufweichen des Materials zu verhindern. Hierzu kann der Waschlappen zusätzlich mit Plastikfolie oder einem Plastikbeutel umhüllt werden.

Podest

Kosten:

Aufwand für den Menschen:

Schwierigkeitsgrad für das Pferd:

Besonderheiten: Für den Körper, für übergewichtige Pferde, für mehr Gelassenheit

Eine gute Steigerung des Trainings mit dem Pferd ist die Podestarbeit. Da das Podest als solches stabil ist und keine Eigenbewegung mitbringt, ist es gut für den Einstieg in diese Art der Arbeit geeignet.

Das Pferd wird zunächst mit dem neuen Gegenstand vertraut gemacht. Um die Neugierde zu fördern, sollte es dazu eingeladen werden, sich selbstständig damit auseinanderzusetzen. Sollte es nicht von selbst versuchen, das Podest mit dem Huf zu erkunden, kann das Pferd animiert werden, den Huf hochzuheben. Falls es dazu noch kein Signal kennengelernt hat, ist es möglich, das Röhrbein sanft mit der Gerte zu touchieren. Herausfordernd wird die Arbeit durch das Auf- und Absteigen und die Positionierung der Hufe, denn das Pferd muss seine Bewegungen genau planen, sodass es seinen Körper besser kennenlernt. Gleichzeitig führt die erhöhte Position

dazu, dass die Umgebung besser betrachtet werden kann und viele Pferde wirken sehr stolz, wenn sie das Podest erklimmen. So kann das Podest auch zu einem Ort der Ruhe und Sicherheit werden, von dem aus das Pferd alles im Blick hat.

Wippe

Kosten:

Aufwand für den Menschen:

Schwierigkeitsgrad für das Pferd:

Besonderheiten: Für den Körper, für mehr Selbstwirksamkeit, Kopftraining

Bei dem Wippentraining handelt es sich um ein sehr anspruchsvolles Training für den gesamten Pferdekörper, an dem viele Pferde enorme Freude entwickeln. Für diese Art von Training ist es sehr wichtig, ein geeignetes Equipment zu verwenden. Die Wippe muss stark genug sein, um das Pferd zu tragen, darf nicht splittern und sollte nicht zur Seite wegkippen können. Es empfiehlt sich, dieses Training mit positiver Verstärkung zu gestalten.

Wird ein Pferd neu an die Wippe herangeführt, ist es wichtig, dass es sich den

neuen Gegenstand zunächst in Ruhe ansehen kann. Vor Beginn des Trainings sollte das Pferd in der Lage sein, in Ruhe zu stehen und der Mensch sollte einzelne Schritte vor- und rückwärts abfragen können. Außerdem ist es hilfreich, wenn das Pferd es bereits kennt, den Schwerpunkt nach hinten zu verlagern, ohne dabei rückwärts zu treten.

Am Anfang sollte die Wippe in ihrer Wippfunktion begrenzt werden, so dass sie sich nicht oder nur wenig bewegt. Das ist wichtig, um dem Pferd Sicherheit zu vermitteln, während es den dynamischen neuen Untergrund in kleinen Schritten kennenlernt. Auch in den ersten Wochen ist es sinnvoll, den Wippenausschlag zu begrenzen, damit der Bewegungsapparat und der Kopf (u. a. Gleichgewichtssinn,

Körperwahrnehmung, Koordination) des Pferdes sich an diese Art des Trainings gewöhnen kann.

Je nach Pferd kann es sein, dass nach dem ruhigen Stehen auf der Wippe zunächst das Verlagern des Gewichts durch den Menschen gezeigt werden muss. Andere Pferde haben diese Idee selbst, indem sie ausprobieren, was sie mit ihrem Körper bewirken können.

In jedem Fall sollte jeder Versuch des Tieres, der in die richtige Richtung geht, belohnt werden. Bei dieser Art des Trainings ist Geduld wichtig, da es viel Zeit und Wiederholung benötigen kann, um dem Ziel näher zu kommen.
Es sollte weiterhin darauf geachtet werden, dass das Pferd den Schwung beim Wippen nicht aus dem Hals holt, sondern tatsächlich das Gewicht nach hinten verlagert. Auch ein Einknicken in den Karpalgelenken ist unerwünscht. Das Pferd sollte stabil auf allen vier Beinen stehen. Auch diese Art des Trainings sollte nicht zu lange am Stück durchgeführt werden, da es ein intensives Muskeltraining ist und hoher Konzentration bedarf. So sind am Anfang möglicherweise wenige Minuten ausreichend, das Training kann aber auf bis zu 15 oder 20 Minuten ausgeweitet werden. Natürlich sollte das Pferd vorher aufgewärmt und später abgewärmt werden.

Noch mehr Infos dazu im Video!

Werden diese Dinge beachtet, so ist das Wippentraining eine tolle Ergänzung für den Trainingsplan, die Pferd und Mensch Spaß machen kann. Zudem stärkt es ganz nebenbei den Rumpfträger sowie Brust-, Bauch-, Hinterhand- und Rückenmuskulatur. Außerdem lernen die Pferde, dass ihre Bewegungen eine Folge haben – sie lernen ihren Körper besser kennen.
Auch Zweibeinwippen funktionieren nach demselben Prinzip wie eine Ganzkörperwippe, sie adressieren dabei jedoch eine andere Körperachse (rechts-links statt vorne-hinten) und können ein noch gezielteres Training, beispielsweise mit der Hinterhand, ermöglichen.

Oftmals ist die Motivation nach einer Zeit so stark, dass die Pferde bereits selbstständig wippen. Bei einer korrekt ausgeführten Wipp-Bewegung sollten die Karpalgelenke jedoch nicht gebeugt werden.

Balanceteller

Kosten:

Aufwand für den Menschen:

Schwierigkeitsgrad für das Pferd:

Besonderheiten: Für den Körper, für mehr Gelassenheit

Der Balanceteller bietet ähnliche Möglichkeiten und Vorteile, wie das Wippentraining. Auch hier wird ein stabiles und tragfähiges Equipment benötigt. Dabei handelt es sich um eine runde Scheibe, die auf einer festen Halbkugel montiert ist. Das Pferd soll wie bei der Wippe komplett auf dem Gerät stehen.
Im Gegensatz zum Wippentraining ist das Ziel beim Balanceteller, dass das Pferd es schafft, sich selbst auf dem Teller in der Waage zu halten. Dies ist bereits im Stehen sehr anstrengend für das Pferd, da sich der Teller, der nur in der Mitte den Boden berührt, in alle Richtungen bewegen kann.

Auch hier ist es wichtig, das Pferd langsam an die neue Arbeit heranzuführen, positiv zu bestärken, wenn es etwas richtig gemacht hat und das Training kurz zu halten.
Der Balanceteller ist eher ein Trainingsgerät für Fortgeschrittene.

Schwebebalken

Kosten:

Aufwand für den Menschen:

Schwierigkeitsgrad für das Pferd:

Besonderheiten: Für den Körper, für mehr Gelassenheit

Der Schwebebalken ist ein weiteres Gerät, mit dem Abwechslung im Training des Pferdes geschaffen werden kann. Es handelt sich dabei, wie beim Menschen auch, um einen mehr oder weniger schmalen Balken, der leicht erhöht ist und über den das Pferd laufen soll. Ziel dieser Übung ist es, dass das Pferd Muskulatur aufbaut, seine Koordination und das Körpergefühl verbessert, sowie mehr Selbstvertrauen findet. Auch hierbei ist es wichtig, das Pferd nicht zu überfordern.

Begonnen werden sollte nach Möglichkeit mit einem breiteren Balken. Nach einer gewissen Eingewöhnungszeit kann der Balken jedoch verschmälert werden. Auch hier ist es sinnvoll, positiv verstärkend zu arbeiten und dem Pferd den Freiraum zu geben, das neue Hindernis selbstständig zu untersuchen.

Igelball

Kosten:

Aufwand für den Menschen:

Schwierigkeitsgrad für das Pferd:

Besonderheiten: Für den Körper, für übergewichtige Pferde, für Boxenruhe

Eine Möglichkeit, die Körperwahrnehmung des Pferdes zu schulen, ohne dass es dafür trainiert werden muss, ist der Einsatz von verschiedenen Hilfsmitteln. Dazu zählt auch der Igelball, der mit sanftem Druck über den Pferdekörper gerollt werden kann. So kann das Pferd seinen Körper gezielt wahrnehmen und anders kennenlernen. Der Igelball sollte allerdings nicht auf Knochen bzw. Gelenken verwendet werden.

Am besten ist es, wenn das Pferd dafür in einer ruhigen Umgebung steht und nicht durch Futter oder ähnliches abgelenkt wird, sodass es die Chance hat, die Veränderungen in seinem Körper bewusst wahrzunehmen.

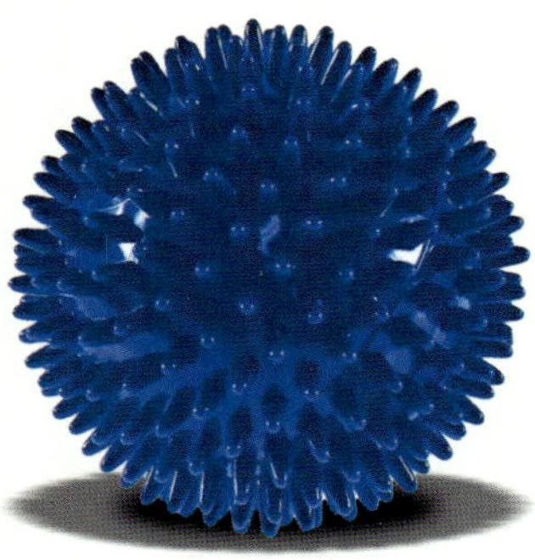

Massagen

Kosten:

Aufwand für den Menschen:

Schwierigkeitsgrad für das Pferd:

Besonderheiten: Für den Körper, für übergewichtige Pferde, für Boxenruhe

Ähnlich wie der Igelball können auch Massagen dazu beitragen, das Körpergefühl des Pferdes sanft zu schulen. Gleichzeitig stärken sie die Bindung und der Mensch lernt sein Pferd besser kennen. Einfache Streichungen und kreisende Massagen an den großen Muskeln des Pferdes können in der Regel bedenkenlos durchgeführt werden. Soll dem Pferd speziell für seine Bedürfnisse etwas Gutes getan werden, ist es sinnvoll, sich zum Beispiel von einem Physiotherapeuten/einer Physiotherapeutin gezielte Griffe zeigen zu lassen.

Noch mehr Infos dazu im Video!

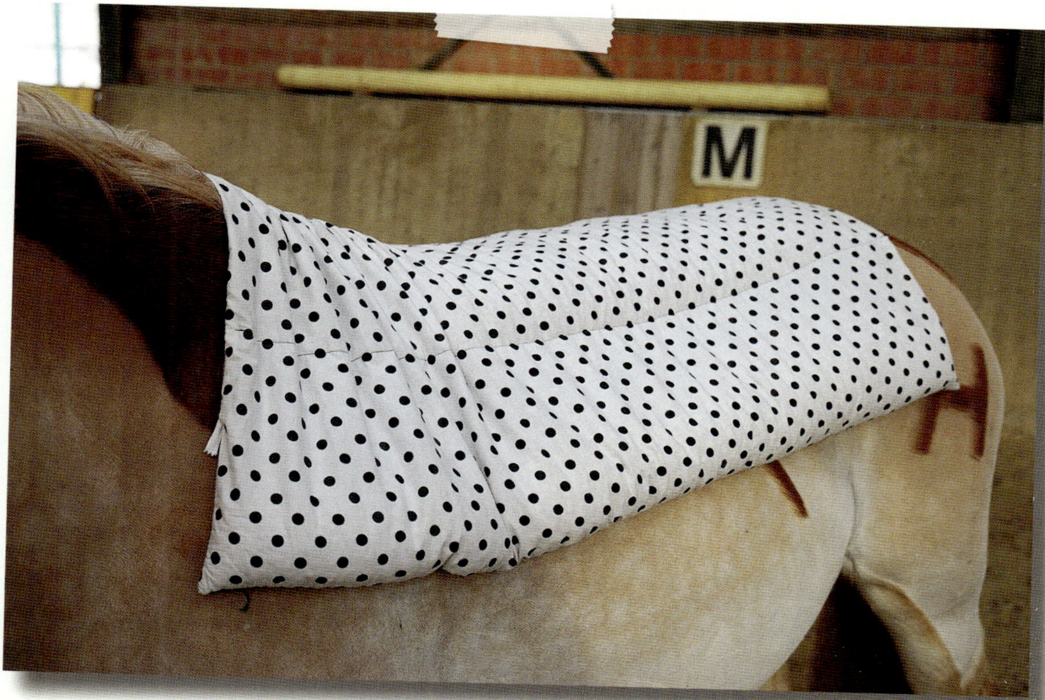

Dinkelspelzkissen

Kosten:

Aufwand für den Menschen:

Schwierigkeitsgrad für das Pferd:

Besonderheiten: Für den Körper, für übergewichtige Pferde, für Boxenruhe

Eine weitere Form des Enrichments aus der Kategorie Wellness stellt das Dinkelspelzkissen dar. Dieses kann dem Pferd vor oder nach dem Training, oder für eine separate Wellnesseinheit, aufgelegt werden. Durch das Innenmaterial muss das Kissen nicht erwärmt werden, sondern erwärmt sich selbst durch die Körperwärme des Pferdes und bringt so einen wohltuenden Entspannungseffekt.

Stangen

Stangenarbeit gehört für viele Pferdemenschen zum alltäglichen Training dazu. Doch Stangen können dem Pferd noch viel mehr bringen, als Rahmenerweiterung und Kadenzierung durch Trabstangen oder Muskeltraining mit Cavalettis. Sie können für Gehirnjogging genutzt werden, das das Pferd geistig fordert und gleichzeitig zu einem besseren Körpergefühl beiträgt.

Beine einzeln über Stangen sortieren

Kosten:

Aufwand für den Menschen:

Schwierigkeitsgrad für das Pferd:

Besonderheiten: Für den Körper, für übergewichtige Pferde, für Boxenruhe

Eine Möglichkeit, um die Konzentration, Trittsicherheit und das Körpergefühl des Pferdes zu schulen, ist es, jedes Bein einzeln über eine am Boden liegende Stange zu dirigieren, mit bewussten Pausen dazwischen. Was so einfach klingt, ist häufig eine große Herausforderung für die Kommunikation und das Verständnis des Pferdes. Deswegen birgt die Übung am Anfang auch großes Frustra-

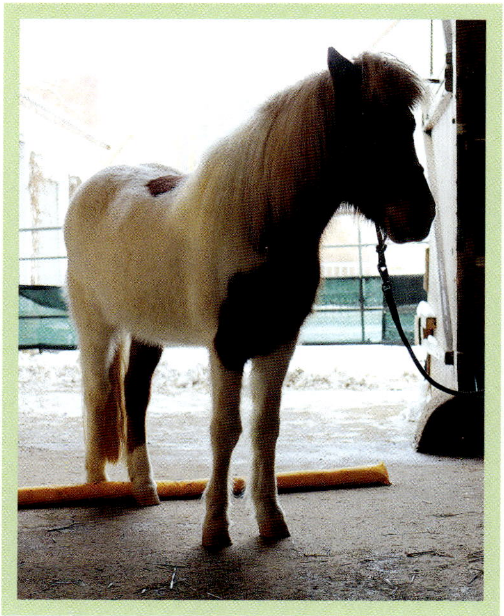

tionspotenzial und sollte zunächst nur in kurzen Einheiten durchgeführt werden. Dann sind meist schnelle Erfolge zu verzeichnen.

Seitlich über die Stange treten

Kosten:

Aufwand für den Menschen:

Schwierigkeitsgrad für das Pferd:

Besonderheiten: Kopftraining, für übergewichtige Pferde, für mehr Gelassenheit

Eine Übung, die aus dem Westernreitsport oder aus der Working Equitation bekannt ist, ist der Sidepass. Dabei wird das Pferd am Anfang so angehalten, dass

es mit den Vorderhufen die am Boden liegende Stange überquert hat und mit den Hinterhufen nicht. Von dieser Position aus kann es seitlich über die Stange geschickt werden, sodass sich diese immer genau unter dem Pferd befindet. Später ist es dann möglich, das Pferd »einzufädeln«, sodass es neben der Stange beginnt und diese dann seitlich überwindet. Der Sidepass kann sowohl an der Hand als auch geritten erarbeitet werden.

Stange zwischen den Hufen

Kosten:

Aufwand für den Menschen:

Schwierigkeitsgrad für das Pferd:

Besonderheiten: Kopftraining, für übergewichtige Pferde, für mehr Gelassenheit

Eine weitere Übung mit nur einer Stange ist, zu versuchen, das Pferd so zu positionieren, dass die Stange genau zwischen seinen Vorderbeinen und auch genau zwischen seinen Hinterbeinen verläuft. Hierzu ist es hilfreich, im Vorfeld bereits jedes Bein einzeln über das Touchieren anheben zu können. Viele Pferde haben mit dieser Übung zunächst große Schwierigkeiten. Später kann dann in

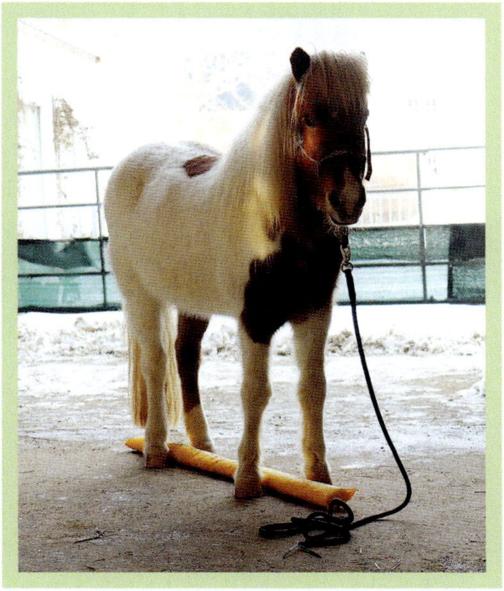

einem langsamen Tempo auch ein Vorwärts etabliert werden, bei dem die Hufe allerdings weiterhin auf ihren Positionen neben der Stange bleiben sollen.

Stangensalat

Kosten:

Aufwand für den Menschen:

Schwierigkeitsgrad für das Pferd:

Besonderheiten: Kopftraining, für übergewichtige Pferde, für mehr Gelassenheit

Bei dieser Übung werden Stangen kreuz und quer verteilt, teilweise erhöht oder

schräg übereinander gelegt. Das Ziel ist, dass sich das Pferd (geführt) selbst einen Weg hindurch sucht und so seine Trittsicherheit, Koordination und sein Körpergefühl schult.
Die Übung kann auch ausschließlich mit Dualgassen durchgeführt werden, um das Verletzungsrisiko zu reduzieren, oder die Gassen werden zusätzlich verwendet.
Wichtig ist, dem Pferd bei dieser Übung ausreichend Zeit zu geben. Hast oder Druck können zu Stress oder Verletzungen führen.

Noch mehr Infos dazu im Video!

Hinholen/Wegschicken durch Stangen

Kosten:

Aufwand für den Menschen:

Schwierigkeitsgrad für das Pferd:

Besonderheiten: Kopftraining, für übergewichtige Pferde

Eine Übung, die im Anschluss an eine Longeneinheit mit Stangen oder während einer Pause genutzt werden kann, ist das Hinholen und Wegschicken durch Stangen. Dabei werden die Stangen, die bereits im Abstand von

Schritt-, Trab- oder Galoppstangen liegen, genutzt. Sie dürfen dabei nicht auf dem ersten Hufschlag bzw. an der Bande liegen. Am besten werden sie an der offenen Zirkelseite platziert.
Das Ziel ist, das Pferd auf Distanz jeweils zwischen den Stangen vom Menschen wegzubewegen und es dann wieder zurückzuholen, sodass es sich in Schlangenlinien durch die Stangen bewegt. Dies schult vor allem die Kommunikation und die Körpersprache des Menschen. Je nach Abstand der Stangen muss jedoch auch das Pferd richtig mitdenken.

Gelassenheitstraining

Häufig wird Gelassenheitstraining als reine Desensibilisierung wahrgenommen. Gutes Gelassenheitstraining führt jedoch dazu, dass das Pferd neugierig auf unbekannte Reize zugeht, Neugierde überhaupt erst (wieder)erlernt und mutiger wird. Wichtig ist dabei, dass das Pferd die Chance hat, sich selbstständig mit den Gegenständen zu beschäftigen. Auch hier ist ein langsames und schrittweises Vorgehen sinnvoll. Das Pferd sollte nicht mit Gegenständen »gescheucht« werden, bis es stehen

Ein optimales Training basiert auf Freiwilligkeit und bereitet sowohl Pferd als auch Mensch Freude.

bleibt, da es anderenfalls in die erlernte Hilflosigkeit gelangen kann. Bei der erlernten Hilflosigkeit handelt es sich um ein psychologisches Konzept, das die Situation darstellt, wenn ein Lebewesen aufgrund von Erfahrungen gelernt hat, dass keine seiner Handlungen zu dem Ausbleiben eines negativen Reizes führt. Das bedeutet, dass ein Pferd lernt, dass weder die Flucht noch die Beschäftigung mit einem unbekannten Gegenstand ihm helfen, seinen Stress zu reduzieren. Ein Pferd in der erlernten Hilflosigkeit befindet sich in einem Zustand, in dem es davon ausgeht, dass es an seinen Umständen nichts ändern kann und diese selbst herbeigeführt hat. Das drückt sich häufig in Lethargie und Ertragen der Situation aus. Deswegen handelt es sich bei Pferden, die sich in der erlernten Hilflosigkeit befinden, häufig um Pferde, die als besonders gelassen gelten, jedoch dabei oftmals innerlich sehr gestresst sind und kein Interesse mehr an neuen Reizen zeigen.

Plane

Kosten:

Aufwand für den Menschen:

Schwierigkeitsgrad für das Pferd:

Besonderheiten: Kopftraining, für übergewichtige Pferde, für mehr Gelassenheit

Sicher einer der bekanntesten Gegenstände für das Gelassenheitstraining ist die Plane. Diese ist für viele Pferde zunächst nicht einzuschätzen, da sie einen ungewohnten Untergrund darstellt. Häufig bewegt sie sich, wenn es ein wenig windig ist oder knistert, spätestens wenn das Pferd darauf tritt. Das Pferd sollte daher nicht gezwungen werden, über die Plane zu laufen, sondern darin bestärkt werden, sich damit zu beschäftigen. Mit kleinschrittigem Vorgehen

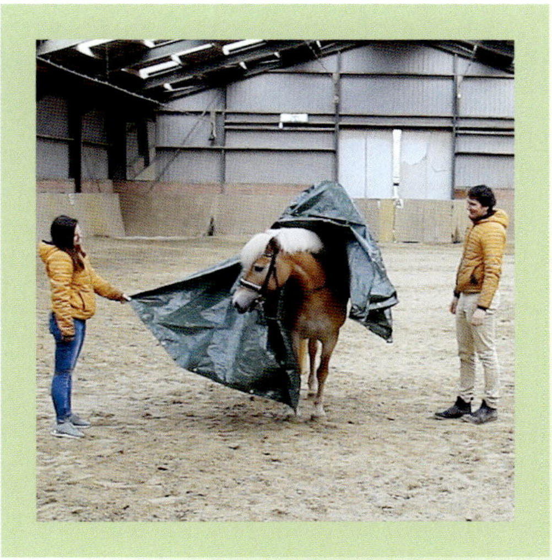

kann so das Erkundungsverhalten gefördert werden.

Viele Pferde versuchen, in die Plane zu beißen oder darauf zu scharren. Es ist auch möglich, die Plane mit dem Pferd zu »verfolgen«, wenn das Pferd große Angst davor hat. Dabei geht ein Helfer mit der Plane rückwärts vor dem Pferd weg, sobald es sich auf die Plane zu bewegt. Einigen Tieren hilft das, um das Gefühl der Kontrolle zurückzugewinnen. Später kann die Plane dann auch angehoben oder über das Pferd gelegt werden. Wichtig ist, dabei das Pferd genau zu beobachten, da es nun nicht mehr selbst bestimmt, wie viel es sich zutraut.

Tore, Durchgänge, Gassen

Kosten:

Aufwand für den Menschen:

Schwierigkeitsgrad für das Pferd:

Besonderheiten: Kopftraining, für übergewichtige Pferde, für mehr Gelassenheit

Engstellen sind für Pferde als Fluchttiere eine besondere Herausforderung. Nicht nur, da ihre Fluchtmöglichkeiten eingeschränkt sind, sondern auch weil sie (je nach Situation) in ihrem Sichtfeld eingeschränkt werden. Daher sind verschiedene Tore und Durchgänge nicht nur eine wichtige Trainingssituation in der Vorbereitung für das Verladetraining. Sie bieten außerdem die Möglichkeit, Vertrauen aufzubauen und dem Pferd im Sinne des Enrichments ungewöhnliche Reize zu präsentieren. Dabei sind der Fantasie keine Grenzen gesetzt: Von Konstruktionen mit Poolnudeln oder bunten Bällen über Tore aus der Working Equitation bis hin zum DIY-Projekt bieten sich hier fast unendliche Kombinationsmöglichkeiten. Wer nichts Passendes zur Hand hat, kann auch mit Hilfe von Sprungständern einen Sprung aufbauen und diesen mit Decken oder Planen verkleiden.
Alternativ können die Sprungständer durch angeklebte, dünne Holzstangen in der Höhe ergänzt werden. An diesen lassen sich wiederum beispielsweise Seile oder Stangen ergänzen, die mit Gegenständen nach Wahl behangen werden. Für ein günstiges, einfach umzusetzendes DIY bietet sich Flatterband an, das oben festgeknotet wird. Wenn genug Spielraum bleibt, können die einzelnen Bänder auch verschoben werden, um am Anfang mehr Platz in der Mitte oder zu einer Seite zu lassen. So muss das Pferd nicht sofort durch den Vorhang und kann die Engstelle erst einmal kennenlernen.
Besonders schwierig wird es, wenn es auch nach oben eine Begrenzung gibt, unter der das Pferd durch muss. Das ist für Pferde schwierig einzuschätzen. Wenn dann noch Bälle oder Seile sich bewegen, Geräusche machen oder den Körper unerwartet berühren, stellt das für das Pferd eine große Herausforderung dar.

Anhand von solchen Engstellen kann das Pferd lernen, Situationen bewusst anzusehen und mutig voranzuschreiten, aber auch ein Gefühl für seinen Körper entwickeln. Dabei kann es große Erfolgserlebnisse feiern, für die es bestärkt werden sollte.
Fortgeschrittene können dieses Training natürlich auch geritten absolvieren.

Noch mehr Infos dazu im Video!

Luftballons

Kosten:

Aufwand für den Menschen:

Schwierigkeitsgrad für das Pferd:

Besonderheiten: Kopftraining, für übergewichtige Pferde, für mehr Gelassenheit

Luftballons können Pferd und Mensch auch bei Ausritten oder Spaziergängen begegnen. Daher ist es sinnvoll, das Pferd damit bekannt zu machen. Sie können an ein Band geknotet werden, sodass sie sich im Wind bewegen, oder auf den Boden gelegt werden.

Achtung bei Luftballons auf dem Boden: Neugierige Pferde versuchen möglicherweise, hineinzubeißen oder darauf zu scharren. Es ist sinnvoll, darauf gefasst zu sein, dass ein Luftballon platzt und das Pferd sich erschreckt.

Windspiele

Kosten:

Aufwand für den Menschen:

Schwierigkeitsgrad für das Pferd:

Besonderheiten: Kopftraining, für übergewichtige Pferde, für mehr Gelassenheit

Auch Windspiele sind ein realistisches Objekt, das zu Überraschungen im Gelände führen kann. Es gibt sie in unterschiedlichen Ausführungen, die im Wind flattern, Licht reflektieren oder sogar Geräusche machen. Werden diese aufgehängt, kann das Pferd sich in Ruhe aus der Entfernung damit auseinandersetzen.

Regenschirme

Kosten:

Aufwand für den Menschen:

Schwierigkeitsgrad für das Pferd:

Besonderheiten: Kopftraining, für übergewichtige Pferde, für mehr Gelassenheit

Regenschirme sind eine günstige, aber sehr effektive Möglichkeit, Gelassenheitstraining zu gestalten. Am besten werden sie zunächst aufgespannt präsentiert, sodass das Pferd sich selbstständig nähern kann. Später können sie auch geschlossen und wieder geöffnet oder in offenem Zustand gedreht werden. Hierbei ist es jedoch sehr wichtig, das Pferd gut zu beobachten, um es nicht zu überfordern.

Durch die spitzen Enden des Schirms sollte das Pferd den Schirm nicht ins Maul nehmen oder selbstständig bewegen. Hier besteht Verletzungsgefahr für Pferd und Mensch.

Bällebad

Kosten:

Aufwand für den Menschen:

Schwierigkeitsgrad für das Pferd:

Besonderheiten: Kopftraining, für übergewichtige Pferde, für mehr Gelassenheit

Ein Bällebad bezeichnet einen begrenzten Bereich, der mit vielen bunten Plastikbällen gefüllt ist – ähnlich wie in einem Kinderbällebad. Als Begrenzung kann zum Beispiel ein Wassergraben, ein aufblasbarer Swimmingpool oder ein Schaumstoff-Bällebad für Kinder dienen. Gibt es eine feste Station, zum Beispiel in einem Trail, kann sie natürlich auch aus Holz gebaut werden. Wichtig ist, dass sie ausreichend hoch ist, damit die Bälle nicht sofort wegrollen, jedoch nicht zu hoch, sodass die Pferde herein und wieder heraus treten können. Außerdem sollte im Vorfeld immer eine Risikoabwägung bezüglich der Verletzungsgefahr getroffen werden.
Das Pferd wird dann an das Bällebad herangeführt und für jeden Kontakt belohnt. Später kann es komplett hindurch geführt werden.

Die Bälle machen bei Berührungen untereinander Geräusche und das Pferd muss hier gegen einen leichten Widerstand laufen. Zudem kann es den Untergrund nicht einschätzen und die Bälle bewegen sich mit jedem Schritt an seinen Beinen, daher ist das Bällebad für ein Pferd eine große Herausforderung. Gleichzeitig bietet es aber auch eine große Vielfalt der Stimulation.

Flagge

Kosten:

Aufwand für den Menschen:

Schwierigkeitsgrad für das Pferd:

Besonderheiten: Kopftraining, für übergewichtige Pferde, für mehr Gelassenheit

Die Flagge gehört zu den klassischen Elementen des Gelassenheitstrainings.

Sie ist in verschiedenen Farben und Größen erhältlich und ist durch die Bewegung für das Pferd schlecht einzuschätzen. Daher sollte hier wieder besonders auf die Körpersprache des Pferdes geachtet werden, um es nicht zu überfordern. Wenn kleinschrittig und mit vielen Belohnungen vorgegangen wird, kann die Flagge zunächst mit Abstand präsentiert, dann neben dem Pferd und später auch über dem Pferd (auch geritten) geschwenkt werden.

Flatterband

Kosten:

Aufwand für den Menschen:

Schwierigkeitsgrad für das Pferd:

Besonderheiten: Kopftraining, für übergewichtige Pferde, für mehr Gelassenheit

Flatterbänder bieten ähnliche Reize wie die Flagge: Sie bewegen sich unkontrolliert und machen dabei Geräusche. Daher eignen sie sich gut, um beispielsweise ein Tor daraus zu gestalten oder einen Gang. Außerdem können sie auch an andere Gegenstände geknotet werden, um einen zusätzlichen Reiz zu bieten.

Spielzeuge

Kosten:

Aufwand für den Menschen:

Schwierigkeitsgrad für das Pferd:

Besonderheiten: Kopftraining, für übergewichtige Pferde, für mehr Gelassenheit

Kinderspielzeuge wie Kuscheltiere oder Hüpfpferde können im Gelassenheitstraining ebenfalls eingesetzt werden, um dem Pferd ungewöhnliche Reize zu präsentieren. Gerade Gegenstände, die Pferden nachempfunden wurden, sind für viele Tiere eine große Herausforderung. Sofern keine Verletzungsgefahr besteht, darf das Pferd sich mit den Spielzeugen zunächst selbstständig auseinandersetzen, bevor sie auch durch den Menschen bewegt werden können.

Pyrotechnik

Kosten:

Aufwand für den Menschen:

Schwierigkeitsgrad für das Pferd:

Besonderheiten: Kopftraining, für übergewichtige Pferde, für mehr Gelassenheit

Einen spektakulären Effekt bietet für das Pferd die Arbeit mit Pyrotechnik wie Wunderkerzen, Rauchbomben oder Funkenfontänen. Dies ist zudem eine sehr gute Vorbereitung für Silvester. Auch hier bietet es sich an, mit kleineren Effekten und viel Abstand anzufangen und sich dann zu steigern. Für die Pferde kommen dabei sehr viele Reize zusammen: Die Pyrotechnik gibt teilweise ein lautes Zischen von sich, visuell wird es bunt oder funkelt, das Verhalten der Elemente ist (vor allem bei leichtem Wind) für das Pferd nicht einschätzbar und es kommt zu einer Geruchsentwicklung. Daher ist viel Lob und Geduld angebracht, damit das Pferd Mut fasst, sich mit diesen außergewöhnlichen Reizen auseinanderzusetzen.

> Wer sein Pferd auf Silvester vorbereiten will, kann zusätzlich zur Pyrotechnik auch die Geräusche trainieren. Dafür gibt es bei YouTube verschiedene Videos mit Feuerwerksgeräuschen. Dabei sollte wieder langsam und mit viel Abstand zum Pferd gestartet werden. Später können die Einstellung und die Position verändert werden. Im besten Fall können die Geräusche am Ende von oben kommen.

Noch mehr Infos dazu im Video!

Weitere Ideen

Zusätzlich zu den bereits genannten Enrichment-Elementen gibt es weitere Möglichkeiten, Pferde zu fördern und zu fordern. Im Grunde kann jedes gute Training als Enrichment angesehen werden. Dazu zählen zum Beispiel verschiedene Lernspiele oder Zirkuslektionen. Einige sollen in diesem Kapitel kurz vorgestellt werden, jedoch wird nicht im Detail auf sämtliche Zirkuslektionen und deren Erarbeitung eingegangen, da dies für die Übersicht in diesem Buch zu komplex wäre.

Teppich ausrollen

Kosten:

Aufwand für den Menschen:

Schwierigkeitsgrad für das Pferd:

Besonderheiten: Kopftraining, für mehr Gelassenheit

Um einem Pferd beizubringen, einen Teppich auszurollen, wird zunächst ein langer, länglicher Teppich benötigt, der sich gut einrollen lässt. In diesen werden in geringem Abstand Leckerlis eingerollt, sodass das Pferd animiert wird, mit der Nase gegen den Teppich zu stoßen, um an die Leckerlis zu gelangen. Später können immer weniger Leckerlis verwendet werden, das Pferd sollte aber trotzdem für sein Engagement gelobt werden und es bietet sich an, am Ende immer ein Leckerli im Teppich zu verstecken. So muss das Pferd für sein Futter arbeiten und sich geistig dafür anstrengen. Gleichzeitig wird sein natürliches Erkundungsverhalten angeregt.

Apportieren

Kosten:

Aufwand für den Menschen:

Schwierigkeitsgrad für das Pferd:

Besonderheiten: Kopftraining, für mehr Gelassenheit

Auch ein Pferd kann lernen, wie ein Hund zu apportieren. Hierfür eignen sich Gegenstände, die bruchsicher sind

und von dem Pferd gut mit den Zähnen gepackt werden können. Eine Möglichkeit dafür wären zum Beispiel große Wasserspielzeuge für Hunde.
Damit das Pferd versteht, was es machen soll, wird es zunächst für jede Interaktion mit dem Gegenstand gelobt. Später wird das Pferd dafür belohnt, wenn es den Gegenstand mit den Zähnen erkundet oder reinbeißt. Im Anschluss kann der Abstand langsam vergrößert oder dem Pferd beigebracht werden, dass es den Gegenstand zum Beispiel in einen Eimer legen soll.

Noch mehr Infos dazu im Video!

Hütchenspiel

Kosten:

Aufwand für den Menschen:

Schwierigkeitsgrad für das Pferd:

Besonderheiten: Kopftraining, für Boxenruhe

Beim Hütchenspiel werden dem Pferd mehrere Pylonen präsentiert. Unter einem davon wird nun Futter versteckt, wobei das Pferd das Verstecken zunächst beobachten sollte. Das Ziel ist, dass das Pferd das Hütchen wählt und anstupst, umwirft oder anhebt, unter dem das Futter zu finden ist. Später kann es dann erschwert werden, indem das Pferd nicht sieht, unter welcher Pylone das Futter versteckt wird, oder indem mehr Pylonen hinzugefügt werden. Das bietet dem Pferd nicht nur Abwechslung, sondern fordert auch seine Futtersuche und Geduld.

Targettraining

Kosten:

Aufwand für den Menschen:

Schwierigkeitsgrad für das Pferd:

Besonderheiten: Kopftraining, für den Körper

Targettraining ist eine Trainingsmethode aus dem Clickertraining. Dabei wird dem Pferd mit positiver Verstärkung beigebracht, einen bestimmten Gegenstand oder Körperteil des Menschen zu verfolgen und diesen mit Nase oder Bein zu berühren. Das Training beginnt, indem der Mensch dem Pferd das Target zeigt und es belohnt, sobald es sich damit beschäftigt oder (bei neugierigen Pferden) daran stößt. So lernt das Pferd,

gezielt das Target zu berühren. Setzt sich dieses später in Bewegung, wird es dem Target selbstverständlich folgen. Zunächst sollten hier nur kurze Distanzen überbrückt werden, später können sie gesteigert werden. So kann die Bewegungsfreude des Pferdes gezielt genutzt oder gefördert werden.

Intelligenzspielzeug

Kosten:

Aufwand für den Menschen:

Schwierigkeitsgrad für das Pferd:

Besonderheiten: Kopftraining

Eine Herausforderung für den Pferdekopf: Dieses Spielzeug gibt automatisch ein Leckerli heraus sobald der variabel positionierbare Knopf gedrückt wurde.

Intelligenzspielzeug ist vor allem für Hunde bekannt, doch mittlerweile hält es auch immer mehr Einzug in den Pferdebereich. Diese Art von Förderung eignet sich optimal, um Pferde geistig zu fördern und auszulasten. Dabei lernen sie, Probleme zu lösen und Entscheidungen zu treffen. Gleichzeitig trainieren sie bei schwierigeren Spielzeugen auch die Frustrationstoleranz.

Mittlerweile gibt es Unternehmen, die sich auf die Herstellung von Intelligenzspielzeugen spezialisiert haben und verschiedene Möglichkeiten wie modulare Puzzlesysteme oder Drehscheiben anbieten, bei denen die Pferde durch unterschiedliche Techniken selbstständig herausfinden, wie sie an Futter gelangen können.

Es sollte bei dem Einsatz von Intelligenzspielzeugen darauf geachtet werden, die Schwierigkeit langsam zu steigern, um keine Frustration beim Pferd hervorzurufen. Außerdem müssen die Materialien pferdesicher und stabil sein, sodass sie nicht splittern und keine scharfen Kanten besitzen. Die Spielzeuge sollten außerdem unter Beobachtung des Menschen genutzt werden, besonders wenn Seile darin verbaut werden, durch die Pferde sich verheddern oder strangulieren könnten.

Neben fertig kaufbaren Produkten können auch verschiedene Intelligenzspielzeuge selbst hergestellt werden. Hierzu kann beispielsweise eine PET-Flasche genutzt werden, deren Flaschenhals mit einer Kordel umwickelt und aufgehängt wird. In die Flasche können Leckerlis gefüllt werden, die durch Drehen und Umstoßen der Flasche vom Pferd herausgeholt werden können. Dieses Spielzeug sollte selbstverständlich nur unter Aufsicht des Menschen genutzt werden.

Für eine andere Variante ist es möglich, eine stabile Holzplatte zu verwenden, in die kleine Vertiefungen eingelassen werden, um dort Leckerlis zu platzieren. Diese Vertiefungen sollten mit beweglichen Elementen wie Holzscheiben verschlossen werden. Wenn die Elemente auf einer Schraube montiert werden, lassen sie sich durch das Anstoßen mit der Pferdenase drehen. Gelangt es dadurch an die Belohnung, lernt es, dieses Verhalten zu wiederholen.

Theorie

Verhaltensbiologische Grundlagen und Potenziale eines bereicherten Pferdelebens

Der Begriff Enrichment ist für viele Pferdemenschen nicht gut greifbar oder noch wemig bekannt. Deswegen sollen im Theorieteil dieses Buches die Hintergründe und Auswirkungen von Enrichment dargestellt werden. Dazu liegt der Fokus als erstes darauf, wie Enrichment definiert wird, bevor der natürliche Lebensraum des Pferdes im Vergleich zum Leben als Hauspferd dargestellt wird. Außerdem sehen wir uns an, wie Pferde lernen und warum sie davon profitieren. Dieses Buch stützt sich auf pferdewissenschaftliche Grundlagen und neueste Erkenntnisse aus der Pferdewissenschaft, insbesondere im Bereich der Ethologie (Verhaltensbiologie), Psychologie und Veterinärmedizin, um konkrete Maßnahmen für eine artgerechte Haltung und Beschäftigung zu entwickeln und zu vermitteln.

Definition von Enrichment

Der Begriff Enrichment (engl.: Anreicherung) bezeichnet alle Maßnahmen zur Verbesserung des physischen wie psychischen Wohlbefindens von Tieren. Dazu werden ihnen verschiedene Anreize geboten, um natürlichen Verhaltensweisen auch in menschlicher Obhut nachgehen zu können. Das Ziel ist es, die Lebensqualität der Tiere zu erhöhen, indem sowohl ihre (Haltungs-)Umgebung als auch das gemeinsame Training mit geeigneten Mitteln und Maßnahmen bereichert werden.
Durch Enrichment-Maßnahmen wird das Pferd in erster Linie kognitiv gefördert und gefordert – ein Aspekt, der im alltäglichen Umgang und Training mit dem Pferd häufig nur wenig berücksichtigt wird.

Funktionskreise des Pferdeverhaltens

Pferde zeigen eine Vielzahl von Verhaltensweisen, die verhaltensbiologisch in sogenannte Funktionskreise unterteilt werden können. Diese Funktionskreise sind essentiell für das Wohlbefinden und die Gesundheit der Pferde – körperlich wie mental – und können wie folgt aufgeteilt werden:

Nahrungsaufnahme: Pferde sind Dauerfuttersucher, die den Großteil ihres Tages in ruhigem Schritt mit der Suche und Aufnahme von Nahrung verbringen. In der Natur machen sie das bis zu 60 % der Zeit, denn der Pferdemagen ist auf die kontinuierliche Aufnahme von kleinen Portionen ausgelegt, die einen hohen Rohfaseranteil aufweisen. Deshalb

Pferde leben und agieren in der Herde.

ist eine bedarfsgerechte Versorgung mit hochwertigem Raufutter besonders wichtig. Dies führt zu genügend Kauschlägen und trägt zur Sättigung und zum psychischen Wohlbefinden der Pferde bei.

Sozialverhalten: Pferde sind hoch soziale Tiere, die in Herdenverbänden leben und ständig mit ihren Herdenmitgliedern interagieren. Das Sozialgefüge in Pferdeherden ist dabei nicht linear, wie es häufig dargestellt wird (ein Chef kümmert sich um die ganze Herde), sondern komplex und dynamisch. In der Natur verbringen Pferde häufig ihr ganzes Leben in einer Herde und entwickeln dabei tiefe Bindungen. Häufig zeigt sich auch eine Synchronisierung der Verhaltensweisen, sodass beispielsweise die gesamte Herde gemeinsam zum Trinken geht.

Erkunden: Pferde sind neugierige Tiere, die ihre Umgebung aktiv erkunden.

Obwohl oder gerade weil sie Fluchttiere sind, sind sie neugierig, nehmen aktiv an ihrer Umgebung teil und behalten im Blick, was um sie herum passiert. Wildpferde stoßen bei ihren Wanderungen dabei immer wieder auf neue Objekte oder Orte und sind ständig Veränderungen ausgesetzt. Häufig bevorzugen sie zur Erkundung offene Gebiete oder erhöhte Positionen, von denen aus sie ihre Umgebung gut im Blick haben.

Spielverhalten: Vor allem junge Pferde spielen häufig, um soziale Bindungen zu stärken und motorische Fähigkeiten zu entwickeln. Aber auch ältere Pferde, insbesondere Wallache, zeigen häufig Spielverhalten im Umgang miteinander.

Komfortverhalten: Dazu gehören Aktivitäten wie Wälzen oder gegenseitiges Kraulen, die dem körperlichen wie mentalen Wohlbefinden dienen. Komfortverhalten können Pferde allein zeigen (beispielsweise Wälzen), aber auch in der Interaktion mit anderen Pferden und Menschen, beispielsweise mit gegenseitigem Kraulen.

Es ist wichtig, dass Pferde zur Ruhe kommen können.

Ruheverhalten: Pferde benötigen Phasen der Ruhe und des Schlafs zur Erholung. Ist der Schlaf gestört, wenn ein Pferd beispielsweise zu wenige REM-Schlafphasen erreicht, weil es sich nicht niederlegen kann, kann es sich nicht ausreichend erholen. Das kann zu schweren körperlichen und psychischen Beeinträchtigungen bis hin zu Apathie und Verletzungen durch Stürze führen und wird als Pseudonarkolepsie bezeichnet.

Ausscheidungsverhalten: Auch dieses Verhalten sollte bei der Gestaltung der Pferdeumgebung bedacht werden, da es zum natürlichen Repertoire des Pferdeverhaltens gehört.

Sexualverhalten: Dieser Aspekt des Pferdeverhaltens sollte ebenso Berücksichtigung finden, insbesondere bei der Herdenzusammenstellung, aber auch im Umgang des Menschen mit dem Pferd. Auch, wenn dieser Funktionskreis in menschlicher Obhut deutlich eingeschränkt ist.

Fortbewegungsverhalten: Pferde legen in freier Wildbahn große Strecken zurück und bewegen sich auf unterschiedlichen Untergründen. Den Großteil des Tages bewegen sie sich beständig im Schritt fort.

Bereits in einem ersten Überblick wird deutlich, dass diese neun Funktionskreise des natürlichen Pferdeverhaltens essentiell sind, wenn der Mensch den Bedürfnissen eines Pferdes wirklich Rechnung tragen will. Sie sind Grundlage dieses Buches und werden immer wieder aufgegriffen, um die Wirkung und Potentiale von Enrichment zu verdeutlichen. Ausdrucksformen von zu starker Einschränkung der genannten natürlichen Verhaltensweisen durch das jeweilige Haltungssystem und den Umgang mit dem Pferd sind beispielsweise sogenannte »Verhaltensprobleme«, Depressionen oder stereotypes Verhalten.

Hauspferde vs. Wildpferde

Die Lebensbedingungen unserer Hauspferde unterscheiden sich erheblich von denen ihrer wilden Verwandten. Während Wildpferde weite Strecken wandern und ständig nach Nahrung suchen, leben Hauspferde oft in Ställen und haben dauerhaften Zugang zu einem häufig unerschöpflichen Nahrungsangebot bei gleichzeitig deutlich reduzierter Bewegung und Aktivitäten. Aufgaben, die Pferde in einer Herde übernehmen – Erkunden von Futter- und Wasserquellen, die Versorgung von Jungpferden, die Bewältigung von unwegsamem Gelände sowie das Absichern der Herde gegen Gefahren von außen – fallen bei domestizierten Pferden weg. Auch jahrhundertelange systematische Züchtung und der Verkauf von Pferden weit über ihr natürliches Verbreitungsgebiet hinweg haben die Bedürfnisse der Pferde verändert. Unsere heutigen Hauspferde sind nicht einfach Wildpferde, die im Stall stehen, sie unterscheiden sich in ihren Bedürfnissen, Voraussetzungen, Erfahrungen (nicht zuletzt dem täglichen Kontakt mit einer anderen Spezies

– dem Menschen) von ihren wilden Vorfahren. Daher ist es besonders wichtig, dass Hauspferde durch gezielte Enrichment-Maßnahmen unterstützt werden, um ihren physischen wie psychischen Bedürfnissen gerecht werden zu können.

Exkurs: Futtersuche und Bewegung
Pferde sind intelligente und soziale Herdentiere, die in der Natur weite Strecken zurücklegen, um ihr Futter aus einem breiten, aber nicht besonders reichhaltigen Nahrungsangebot zu suchen. Auch in naturnaher menschlicher Haltung nehmen die meisten Pferde ihr Futter in Form von Heu im Stehen auf. Ihre ursprünglichen natürlichen Verhaltensweisen umfassen jedoch neben dem Grasen (Zupfen) auch das Pflücken von Blättern, das Abzupfen von Früchten (in menschlicher Obhut beispielsweise bei Disteln oder Hagebutten zu beobachten), das Ausgraben von Wurzeln sowie die kontinuierliche langsame Fortbewegung auf unterschiedlichen Untergründen.

Die Bedeutung der Bewegung

Bewegung ist für Pferde aus mehreren Gründen lebenswichtig:

Kreislauf und Lunge: Regelmäßige Bewegung fördert die Herz-Kreislauf-Gesundheit und erhält die Lungenfunktion, was insbesondere beim Pferd, einem Ausdauersportler mit besonders großer Lunge, entscheidend ist.

Verdauung: Bewegung unterstützt die Verdauung und beugt auf natürliche Weise Koliken vor.

Hufpumpe: Die kontinuierliche Bewegung auf unterschiedlichen Untergründen fördert die Durchblutung, insbesondere den Blutrückfluss und damit die Versorgung von Gliedmaßen und Hufen. Muskeln, Sehnen, Bänder und

Gelenke: In Bewegung verbessert sich die Durchblutung des Gewebes, gleichzeitig wird Gelenkschmiere (Synovia) produziert, um die Gelenke geschmeidig und funktionsfähig zu halten.

Trittsicherheit: Verschiedene Untergründe verbessern die Balance, Trittsicherheit und Körperwahrnehmung des Pferdes und sind förderlich für die Hufgesundheit.

Dauerfuttersucher vs. Dauerfresser

Früher wurde oft angenommen, dass Pferde Dauerfresser sind. Tatsächlich sind sie jedoch Dauerfuttersucher, die den Großteil des Tages damit verbringen, nach Futter zu suchen, vielfältige

Nahrungsquellen zu untersuchen und zu nutzen. Dies hat nicht nur ernährungsphysiologische Vorteile, sondern fördert auch die mentale Stimulation, wenn das Pferd Entscheidungen trifft, Pflanzen erkennt oder gezielt aufnimmt.

Enrichment in der Praxis

Enrichment sollte möglichst regelmäßig und langfristig in die Haltungs- und Trainingspraxis integriert werden. Dabei ist es wichtig, die einzelnen Maßnahmen immer wieder den individuellen Bedürfnissen und Vorlieben des einzelnen Pferdes sowie den Gegebenheiten vor Ort anzupassen. In diesem Buch zeigen wir eine Reihe von konkreten Enrichment-Maßnahmen, die sich mit niedrigen Kosten und geringem Aufwand umsetzen lassen. Gleichzeitig können sie für die Pferde aber eine große Bereicherung darstellen. Regelmäßigkeit bedeutet dabei nicht, dass wöchentlich oder gar täglich Enrichment-Maßnahmen umgesetzt werden müssen – auch in größeren Abständen profitieren die Pferde davon. Jede Bereicherung ist ein Schritt in die richtige Richtung.

Enrichment beschreibt in einem weiteren Sinne auch die grundsätzliche Bereitschaft und den Wunsch, dem Pferd neue Erfahrungen zu ermöglichen, es kognitiv zu fördern und Raum für natürliches Verhalten zu schaffen.

!

Beim Enrichment gilt, wie fast immer: Jeder Mensch und jedes Pferd hat unterschiedliche Favoriten, Herumexperimentieren ist also erwünscht!

Dimensionen von Enrichment:

Haltung, Fütterung, Sinnesreize und kognitive Herausforderungen

5 Formen von Enrichment

Sozial

Umgebungsbezogen

Futterbasiert

Sensorisch

Kognitiv

In diesem Buch widmen wir uns zahlreichen Möglichkeiten, das Pferdeleben in menschlicher Obhut zu bereichern. Dabei unterscheiden wir zwischen der dauerhaften Lebensumgebung, also der Haltung, und gezielten, zeitlich begrenzten Trainingssituationen. Man könnte also sagen, wir differenzieren zwischen dem »Privatleben« und dem »Job« des Pferdes. Das ist wichtig, um sich die Wirkung der Enrichment-Maßnahmen bewusst zu machen. Ein Pferd, das jeden Tag zwei Stunden vom Menschen trainiert und beschäftigt wird, verbringt immer noch 90 % seiner Zeit ohne den Menschen, also den weitaus größeren Teil. Deshalb ist es besonders wichtig, für ein pferdegerechtes »Privatleben«, eine gesundheitsförderliche Haltung und eine bereichernde Umgebung zu sorgen.

Pferde leben in einer vom Menschen geschaffenen Umgebung, die oft stark von ihrer natürlichen beziehungsweise ursprünglichen Lebenswelt abweicht. Deshalb liegt es in der Verantwortung von uns Pferdemenschen, diese Umgebung so zu gestalten, dass das Pferd möglichst viele seiner natürlichen Verhaltensweisen ausleben kann. Im Folgenden möchten wir die fünf Formen von Enrichment – Haltung, Fütterung, Sinnesreize, kognitive Herausforderungen und soziales Enrichment – anhand von Beispielen vorstellen. Hierbei wird zwischen der dauerhaften Lebensumgebung, die die alltägliche Haltung umfasst, und gezielten, zeitlich begrenzten Trainingssituationen unterschieden. Beide Bereiche bieten ganz unterschiedliche und wertvolle Möglichkeiten, Enrichment-Maßnahmen umzusetzen. Grundsätzlich sind die Grenzen zwischen den Kategorien fließend, eine Maßnahme des Haltungs-Enrichments, wie beispielsweise das Bereitstellen von Knabberästen, kann so auch sensorische, kognitive und Fütterungsaspekte miteinander verbinden.

Haltung: Lebensumgebung als tägliche Bereicherung

Die Gestaltung der Lebensumgebung eines Pferdes sollte nicht grundsätzlich statisch sein, sondern so konzipiert werden, dass sie langfristig immer neue Anregungen bieten kann. Separate Funktionsbereiche und »Einrichtungsgegenstände» in Stall und Auslauf sollten das Erkundungsverhalten, die Sensorik und Körperwahrnehmung fördern und Bewegungsanreize bieten. Dabei können die einzelnen Elemente, aber auch die räumliche Struktur immer wieder einmal verändert werden, es können neue Ideen ergänzt, verworfen oder bestimmtes Enrichment saisonal angeboten werden. Wie in jeder anderen Hinsicht auch sind Pferde hier individuell – was das eine spannend findet, ist dem anderen gleichgültig. Auch durch Enrichment-Maßnahmen können wir unsere Pferde immer besser kennenlernen.

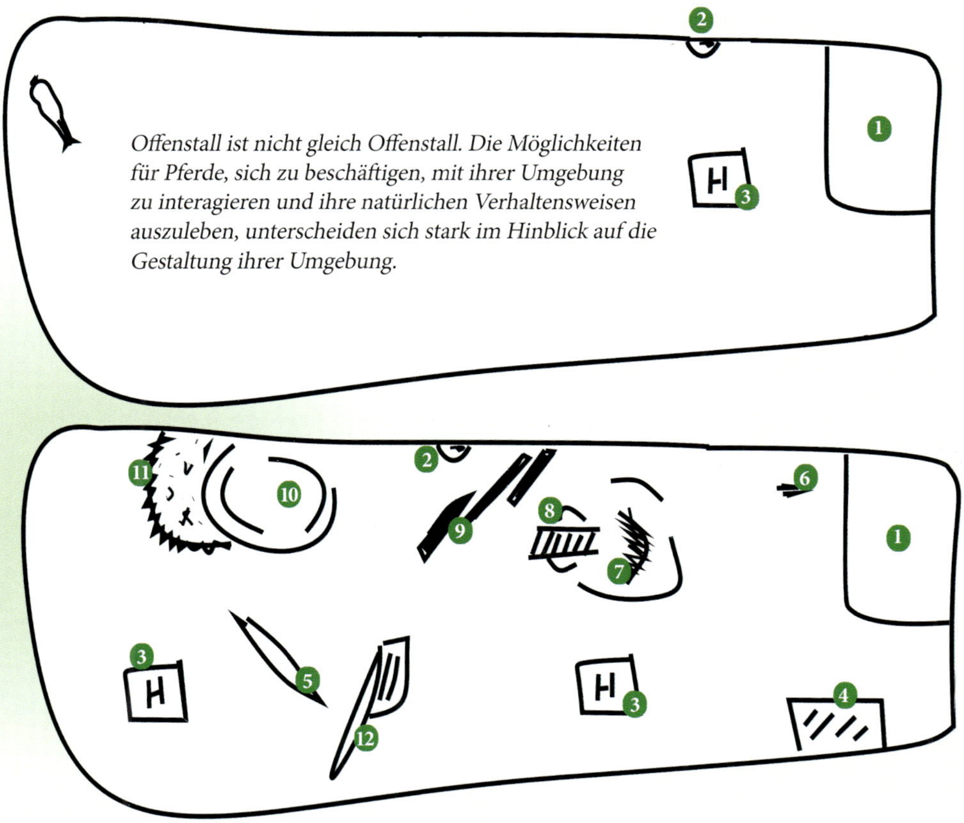

Offenstall ist nicht gleich Offenstall. Die Möglichkeiten für Pferde, sich zu beschäftigen, mit ihrer Umgebung zu interagieren und ihre natürlichen Verhaltensweisen auszuleben, unterscheiden sich stark im Hinblick auf die Gestaltung ihrer Umgebung.

1 Unterstand, Liegefläche, 2 Tränke, 3 Heuraufe, Fressplatz, 4 Kräuterhochbeet, 5 Totholzhecke (auch Windschutz), 6 Schubberstation, 7 Hügel, 8 Wasserfurt, Brücke, 9 Baumstämme, 10 Sandliegefläche, 11 Blühstreifen 12 Trockenmauer mit Salzleckstein

Beispiele:

- Funktionsbereiche: Offenställe mit verschiedenen Zonen wie Fressplätzen, Ruhebereichen und Arealen zum Entdecken regen Pferde an, sich zu bewegen und ihre Umwelt aktiv zu erkunden. Hier könnte zum Beispiel ein Sandhügel oder eine kleine Kletterrampe integriert werden, um die Pferde spielerisch zu beschäftigen. Auch aus physiotherapeutischer Perspektive bieten sich wechselnde Untergründe an, da sie zahlreiche Vorteile wie Stärkung von Muskulatur, Sehnen oder Knochen, Förderung der Beweglichkeit und Trittsicherheit, einen gesunden Hufmechanismus, Schulung der Körperwahrnehmung und -beherrschung, Aktivierung der Sinnesorgane und viele weitere Effekte mit sich bringen.

- (Temporäre) Einrichtungsgegenstände: In die Umgebung integrierte Elemente wie Bäume, Schubberstationen oder natürliche Hindernisse wie Baumstämme, Totholzhecken, Steinecken und Bepflanzung fördern das Erkundungsverhalten und lassen sich auch für beispielsweise Futtersuchspiele nutzen. Das Verteilen von frischen Ästen oder Heunetzen im Auslauf schafft Abwechslung und lädt zum Erkunden und verlängertem Fressverhalten ein.

Fütterung: Kontinuierliche Fütterungsgestaltung und gezielte Fütterungssituationen

Fütterungsmanagement kann sowohl in der täglichen Routine als auch in gezielten Situationen bereichernd wirken. Während die regelmäßige Fütterung mit Enrichment-Techniken das Suchverhalten fördern kann, bieten spezifische Fütterungssituationen besondere geistige Herausforderungen.

Beispiele:

- Tägliche Fütterung: Das Anbringen von Futterspendern an unterschiedlichen Orten, zeitgesteuerte Heuraufen oder das Anbieten von Futter in Heunetzen regt das Pferd an, nach seiner Nahrung zu suchen und seinen Fressrhythmus anzupassen. Die Fütterung von Rationen, die über den Tag verteilt in verschiedenen Bereichen des Stalls oder der Weide »versteckt« werden, ahmt das natürliche Weideverhalten nach. Das erfordert einen gewissen Aufwand, verhindert aber, dass die Pferde im Winter stundenlang ausschließlich in einer Position an der Heuraufe stehen. Auch die Fütterung von unterschiedlichen Raufuttermitteln kann eine Enrichment-Maßnahme sein. So knabbern einige Pferde gerne Stroh aus einem Heunetz, das zusätzlich zum Heu bei einer alternativen Einstreu angeboten wird.

- Gezielte Futtersuchspiele: Eine zeitlich begrenzte, besondere Herausforderung könnte darin bestehen, gesunde Leckereien in einer »Futter-Knobelkiste« zu verstecken, die das Pferd durch gezielten Einsatz von Hufen und Kopf öffnen kann oder indem ein Futterspielball eingesetzt wird. Die Pferde lernen hierbei, selbstständig ein Problem zu lösen, indem sie unterschiedliche Strategien einsetzen. Gleichzeitig wird ihre Motorik und ihre Koordination geschult. Die hohe Motivation der Pferde bei solchen Aufgaben und die Selbstbelohnung durch das Pferd sind Aspekte, die futterbasiertes Enrichment so wertvoll machen. Die oben genannten Elemente sollten dabei unter Sicherheitsgesichtspunkten nur unter Aufsicht des Menschen eingesetzt werden. Weitere sicher angebrachte Futter-Enrichment-Elemente wie mit Futter beklebte Knusperstämme können dagegen auch von den Pferden beispielsweise als Beschäftigung über Nacht beknabbert werden.

!

Wir dürfen nie vergessen, dass unsere Pferde 90 % des Tages und mehr ohne unsere Gesellschaft und unsere Beschäftigung mit ihnen verbringen. Es liegt in unserer Verantwortung, für eine pferdegerechte und bereichernde Umgebung für diese knapp 22 Stunden ihres »Privatlebens« zu sorgen. Die Erfüllung der Grundbedürfnisse ist hier das A und O. Als Ergänzung dazu können wir dann mit Enrichment-Maßnahmen für eine geistige Stimulation sorgen.

Sinnesreize: Regelmäßige sensorische Anregung

Sinnesreize spielen sowohl in der dauerhaften Lebensumgebung als auch in Trainingssituationen eine Rolle. Während die Umgebung immer mal wieder neue Reize bieten sollte, können gezielte, zeitlich begrenzte Übungen genutzt werden, um spezifische Fähigkeiten wie den ausgeprägten Geruchssinn oder das Gleichgewicht zu trainieren. Als Reize bezeichnen wir dabei jeglichen Input, der ein Lebewesen über seine Sinneswahrnehmung erreicht, sei es ein Geruch, ein Geräusch, ein Untergrund, eine optische oder haptische Wahrnehmung oder eine neue Situation.

Beispiele:

- Lebensumgebung: Eine bereichernde Pferdehaltung bietet dauerhaft sensorische Anregung, beispielsweise in Form von unterschiedlichen Untergründen, verschiedenen räumlichen Abschnitten, einem Rundumblick, dem Kontakt zu anderen Pferden, Wind, Wetter und natürlichen Umgebungsgeräuschen – eben dadurch, dass die Pferde an ihrer Umgebung teilnehmen können.

Symbolische Darstellung zweier Haltungsformen aus der Perspektive des Pferdes – »Welches Pferd möchtest du sein?«

- Gezielte Reiz-Exposition: In Trainingssituationen könnten Pferde an ungewöhnliche Objekte wie Fahnen, Planen oder Bälle herangeführt werden, um ihren Umgang mit neuen Sinnesreizen zu schulen. Solche positiv erlebten Reiz-Expositionen fördern das Vertrauen zwischen Pferd und Mensch und helfen auch, die Sicherheit in unbekannten Situationen zu erhöhen.

Ein gewisser Grad an sensorischen Reizen sollte einem Pferd immer begegnen. Ziel ist dabei keinesfalls eine Reizüberflutung, insbesondere neue Reize sollten daher dosiert und durchdacht eingesetzt und die Reaktionen der Pferde gut beobachtet werden. Reizarmut und Isolation hingegen können schwere psychische Schäden verursachen. Insbesondere, wenn Pferde aus nicht-pferdegerechter Haltung übernommen werden, kann es eine Weile dauern, bis sie mit den vielen Möglichkeiten, ihre Sinne einzusetzen und sich zu beschäftigen, vertraut sind. Sie sollten daher behutsam an ihre neue vielfältige Lebensumgebung herangeführt werden. Dem Wert neuer Reize auf kognitiver Ebene widmen wir in diesem Buch ein eigenes Kapitel.

Kognitive Herausforderungen: Intelligente Umwelt und gezieltes Problemlösen

Während die tägliche Umgebung das Potenzial haben sollte, das Pferd geistig zu stimulieren, können gezielte, zeitlich begrenzte Trainingssituationen das Problemlöseverhalten und strategisches Denken fördern und das Pferd auf diese

Weise fordern. Es sollte keinesfalls unterschätzt werden, wie anstrengend Kopftraining für das Pferd ist – ebenso wie bei körperlichem Training kann es im Anschluss erschöpft sein und sollte am nächsten Tag eine Pause erhalten. Lernerfolge festigen sich in den Pausen, die auf regelmäßiges und kleinschrittiges Training folgen. Gerade Kombinationen aus Kopf- und Körpertraining, wie das Wippentraining, sind besonders wertvoll, aber auch besonders intensiv.

Beispiele:

- Intelligente Lebensumgebung: Elemente wie automatisch öffnende Futterklappen oder Tore sowie wechselnde Futterstellen oder zwischen großen Steinen oder unter Totholz verstecktes Futter, bei denen das Pferd aufmerksam sein und Strategien entwickeln muss, um an sein Ziel zu gelangen, bieten langfristig geistige Anregung und ahmen das natürliche Futtersuchverhalten nach.

- Gezielte Kopftrainings-Situationen: In gezielten Trainingseinheiten können Pferde mit Aufgaben wie dem Erlernen neuer Lektionen, Suchspielen oder Farbunterscheidungs-Aufgaben gefordert werden. Diese Art von Aktivitäten kann das Gedächtnis und das strategische Denken des Pferdes trainieren und für Abwechslung im Alltag sorgen.

Soziales Enrichment: Alltag mit der Herde

Auch soziales Enrichment, zu dem neben der Interaktion und dem Zusammenleben mit anderen Pferden auch Kontakte zum Menschen und zu anderen Tieren wie beispielsweise Vögeln, Hunden, Eseln, Katzen etc. zählen, spielt eine wichtige Rolle. Da zur Umsetzung von sozialen Enrichment-Maßnahmen häufig großer Aufwand betrieben werden muss, werden in diesem Praxisbuch vor allem die anderen vier Formen von Enrichment beschrieben.

Beispiele:

- Gruppenhaltung: Die Haltung in einer Herde ist eine natürliche Lebensform, die tägliche soziale Interaktionen ermöglicht. Pferde haben dabei die Möglichkeit, ihre sozialen Bedürfnisse durch gegenseitige Fellpflege, Spielen oder gemeinsames Dösen auszuleben. Da die Herdenzusammensetzung in menschlicher Obhut künstlich erfolgt, ist es besonders wichtig, Pferdegruppen zusammenzustellen, die miteinander harmonieren. Dabei spielt neben dem Alter und dem Geschlecht vor allem der Pferdetyp eine Rolle, der das Sozialverhalten und die persönliche Individualdistanz beeinflusst. Pferde unterscheiden sich deutlich in ihrem Bedürfnis nach Nähe, Futter und sozialer Interaktion. So haben Nordpferdetypen wie Islandpferde häufig eine geringe Individualdistanz und stehen gern eng zusammen, während andere Pferdetypen mit einer größeren Individualdistanz dies nicht mögen. Auch die Futterverwertung unterscheidet sich stark zwischen den Pferdetypen: Während Nordpferde oftmals sehr leichtfuttrig sind, haben beispielsweise Südpferdetypen einen höheren Energiebedarf. In einer geeigneten Herde hat jedes, auch das rangniedrigste Individuum, jederzeit genügend Platz zum Ausweichen, Liegen und Fressen. Auch spannend zu beobachten: In einer Herde synchronisiert sich das Verhalten der einzelnen Tiere häufig. So gehen alle Herdenmitglieder gleichzeitig zur Futterstelle oder schlafen zur selben Zeit.

Pferde sollten nie allein gehalten werden, eine pferdegerechte Haltung schließt grundsätzlich das Zusammenleben mit anderen (miteinander harmonierenden) Pferden ein.

Die Ethologie des Pferdes

Grundlagen für artgerechtes Enrichment

Die Ethologie, die Wissenschaft vom Verhalten der Tiere, ist eine wesentliche Grundlage für das Verständnis der Bedürfnisse von Pferden. Pferde sind hochspezialisierte Tiere, deren Verhaltensweisen sich über Jahrtausende hinweg entwickelt haben, um in der Wildnis zu überleben. Die Erkenntnisse der Ethologie sind der Schlüssel zur Gestaltung von Lebensbedingungen und Enrichment-Maßnahmen, die das Wohlbefinden und die Lebensqualität von Hauspferden verbessern.
Pferde können als Fluchttiere, Lauf- und Bewegungstiere, Dauerfuttersucher und Herdentiere klassifiziert werden. Jede dieser Verhaltenskategorien ist tief in der Evolution des Pferdes verwurzelt und beeinflusst maßgeblich seine Bedürfnisse und das Verhalten – auch in unserer modernen Haltung.

Das Pferd als Fluchttier

Pferde sind von Natur aus Fluchttiere. In freier Wildbahn müssen sie ständig auf potenzielle Gefahren achten und bei Bedrohungen rasch die Flucht ergreifen. Ihre scharfen Sinne, insbesondere das ausgeprägte Seh- und Hörvermögen, ermöglichen es ihnen, Gefahren schnell wahrzunehmen und entsprechend zu reagieren.

Im Leben als Wildpferd: Das Fluchtverhalten ist ein entscheidender Überlebensmechanismus. Pferde leben in offenen Steppen, wo sie Raubtieren ausgeliefert sind. Eine schnelle Reaktionsfähigkeit und die Fähigkeit, große Distanzen in kurzer Zeit zurückzulegen, sind für das Überleben essenziell.

Im Leben als Hauspferd: Hauspferde haben in aller Regel keine Notwendigkeit mehr, vor Raubtieren zu flüchten, aber der Fluchtinstinkt bleibt stark ausgeprägt. Stress und Angst können durch beengte Ställe, eingeschränkte Sicht, mangelnde Rückzugsmöglichkeiten, laute Geräusche oder plötzliche Umgebungsveränderungen ausgelöst werden. Daher ist es wichtig, Enrichment-Maßnahmen so zu gestalten, dass sie den Fluchtinstinkt respektieren und Stress minimieren. Sensorisches Enrichment oder langsames Heranführen an unbekannte Objekte, wie im Kapitel zuvor beschrieben, können dabei helfen, die natürliche Neugier zu wecken, ohne das Pferd zu überfordern.

Das Pferd als Lauftier

Pferde sind Bewegungstiere, die in ihrer natürlichen Umgebung weite Strecken auf der Suche nach (neuen) Nahrungsquellen und Wasser zurücklegen. Sie sind darauf ausgelegt, fast ununterbrochen in Bewegung zu sein, was einen gesunden Bewegungsapparat und ein belastbares Herz-Kreislaufsystem fördert.

Im Leben als Wildpferd: Täglich legen Wildpferde viele Kilometer zurück, während sie mögliche Futterquellen erkunden oder Wasserstellen aufsuchen. Diese konstante Bewegung ist nicht nur notwendig, um Nahrung zu finden, sondern auch für die körperliche Gesundheit der Tiere unerlässlich.

Im Leben als Hauspferd: Hauspferde stehen oft über lange Zeiträume in Boxen oder kleinen Paddocks, was zu Bewegungsmangel und Langeweile führen kann. Haltungssysteme, die Bewegung fördern, wie Paddock Trails oder Offenställe mit ausreichend Platz und durchdachter Strukturierung, sind eine wichtige Form des Enrichments. Enrichment-Maßnahmen spielen dabei selbstverständlich erst dann eine Rolle, wenn die Mindestanforderungen an eine tierschutzgerechte Haltung erfüllt sind. Zudem können gezielte Trainingssituationen wie ausgedehnte Spaziergänge oder das Erkunden eines Vertrauensparcours den Bewegungsdrang befriedigen und Abwechslung bieten.

Das Pferd als Dauerfuttersucher

In der freien Wildbahn verbringen Pferde den Großteil ihres Tages, bis zu 16 Stunden, mit der Nahrungssuche und -aufnahme. Als Dauerfuttersucher nehmen sie so über viele Stunden hinweg den Großteil des Tages kleine Mengen an Gräsern, Kräutern, Blättern, Knospen, Wurzeln, Rinden und Früchten zu sich. Diese kontinuierliche Futteraufnahme ist nicht nur besonders wichtig für eine gesunde Verdauung, sondern auch für das psychische Wohlbefinden.

Im Leben als Wildpferd: Wildpferde sind ständig in Bewegung, während sie nach Nahrung suchen, und erkunden ihre Umgebung, um immer neue, saisonal wechselnde Futterquellen zu finden. Ihr gesamtes Verdauungssystem ist darauf ausgelegt, ständig kleine Mengen an faserreicher Nahrung aufzunehmen.

Im Leben als Hauspferd: Hauspferde werden oft zwei- bis dreimal täglich gefüttert, häufig auch mit großen Portionen Kraftfutter, was nicht den natürlichen Bedürfnissen entspricht. Gleichzeitig sind viele Hauspferde heutzutage zu dick, was unter anderem mit einem Überangebot von (falschem) Futter und Bewegungsmangel zusammenhängt. Um dem entgegenzuwirken, können Enrichment-Maßnahmen, die das natürliche Futtersuchverhalten anregen, eingesetzt werden. Dazu gehören Heunetze oder Slowfeeder-Systeme, die die Futteraufnahme verlangsamen und das Pferd beschäftigen. Auch das Verstecken von Futter in verschiedenen Bereichen der Umgebung fördert das Suchverhalten und die Sinneswahrnehmung und sorgt für Bewegung sowie kognitive Anregung. Enrichment kann so neben der psychischen auch die körperliche Gesundheit der Pferde fördern.

Das Pferd als Herdentier

Pferde sind hochsoziale Tiere, die im Herdenverband leben und komplexe soziale Strukturen bilden. Die Herde bietet Schutz vor Gefahren, ermöglicht soziale Interaktionen und bildet einen Grundpfeiler für das Wohlbefinden des Pferdes. Die Kommunikation und der soziale Kontakt sind essentiell für das emotionale Gleichgewicht, das soziale Lernen und die Aktivitäten im Tagesverlauf.

Im Leben als Wildpferd: Innerhalb einer Herde übernehmen Pferde verschiedene soziale Rollen. Sie bilden stabile hierarchische Strukturen, pflegen enge Bindungen zu anderen Individuen und interagieren regelmäßig durch gegenseitige Fellpflege und subtile Körpersprache. Die Herde bietet dabei auch Schutz vor Gefahren von außen, vor denen rechtzeitig gewarnt und gemeinsam reagiert werden kann.

Im Leben als Hauspferd: Einzelhaltung oder zu wenig sozialer Kontakt kann zu Verhaltensproblemen und Stress führen. Aber auch die Vergesellschaftung mit unpassenden Pferdepartnern kann ein großes Problem darstellen. Nicht jede Gruppe von Pferden, die wir Menschen künstlich zusammenstellen, bildet eine funktionierende Herde. Neben der Basis einer pferdegerechten Haltung sind Enrichment-Maßnahmen, die die sozialen Bedürfnisse der Pferde berücksichtigen, daher entscheidend. Die Gruppenhaltung in Lauf- oder Offenställen oder regelmäßige Sozialkontakte mit anderen Pferden auf Weide und Paddock sind grundlegende Maßnahmen, um das soziale Bedürfnis zu befriedigen. Zusätzlich können gezielte soziale Enrichment-Maßnahmen, wie das gemeinsame Spiel oder die Förderung von gegenseitiger und eigenständiger Fellpflege, auch durch den Menschen, integriert werden. Im Leben eines Hauspferdes spielen wir Menschen, im Gegensatz zu einer Wildpferdeherde, ebenfalls eine soziale Rolle. Pferde sind dabei in der Lage, zwischen Mensch und Pferd zu differenzieren, auch unsere Signale zu deuten sowie mit uns bewusst zu interagieren.

Die Erkenntnisse der Ethologie, also der Verhaltensbiologie, zeigen deutlich, wie weit die natürlichen Bedürfnisse und Fähigkeiten von Pferden oft von den heutigen Bedingungen in menschlicher Haltung abweichen. Enrichment-Maßnahmen haben das Ziel, diese Lücke zu schließen, indem sie natürliche Verhaltensweisen in die domestizierte Umgebung übertragen. Ob durch strukturiertes Futtermanagement, gezielte Bewegungsanreize oder soziale Interaktionen – jede Maßnahme zielt darauf ab, das Leben der Pferde abwechslungsreicher und entsprechend ihrer natürlichen Bedürfnisse zu gestalten.

Das Wissen um die grundlegenden Verhaltensweisen der Pferde ist daher die Basis für jede Maßnahme, die in diesem Buch vorgestellt wird. Nur durch die Einbeziehung dieser Verhaltensmuster können wir sicherstellen, dass Enrichment nicht nur eine Beschäftigung zum Selbstzweck oder Unterhaltung für den Menschen darstellt, sondern einen tiefgreifenden, positiven Einfluss auf das Wohlbefinden der Pferde hat.

Wenn Pferde mit uns sprechen

Kooperationssignale und Mitbestimmung

Oft ist uns gar nicht bewusst, wie sehr Pferde im klassischen Umgang gezwungen sind, passiv zu bleiben, um nicht als »ungehorsam« zu gelten. Viele Menschen und Pferde haben genau dieses Schema in der Reitschule gelernt: Der Mensch nähert sich, halftert auf, dann wird das Pferd geführt, am Putzplatz angebunden, muss stillstehen, wird geputzt, gesattelt und geritten und anschließend dasselbe rückwärts. In diesem Ablauf hat das Pferd keinerlei Handlungsoptionen; es kann nur reagieren. Jede Bewegung, jede Reaktion ist in diesem Rahmen vorbestimmt. Eigeninitiative würde sofort als Störung wahrgenommen oder sogar bestraft werden, weil sie aus dem vorhersehbaren Ablauf herausfällt. Das Pferd kann keine Vorschläge machen, keine Meinung äußern, keine Entscheidung treffen – seine Welt wird durch uns vollständig strukturiert. Durch diesen Prozess verliert das Pferd jedes Gefühl der Selbstwirksamkeit und stumpft ab.

Es gibt jedoch Möglichkeiten, diese Struktur zu verändern und dem Pferd echte Mitgestaltung zu ermöglichen. Schon einfache Änderungen schaffen Entscheidungsfreiräume und fördern aktive Beteiligung: Warten, bis das Pferd von selbst zu einem kommt, statt es zu rufen. Begrüßen oder Kraulen an der Lieblingsstelle anbieten und das Pferd entscheiden lassen, ob und wo es gekrault werden möchte. Frei zum Putzplatz gehen oder verschiedene Putzplätze nutzen, damit das Pferd seine Umgebung aktiv wählen kann. Es zwischen zwei Bürsten wählen lassen oder die Anbindesituation flexibilisieren, sodass es sich bewegen, schauen und interagieren kann, anstatt starr zu stehen. Solche kleinen Änderungen öffnen dem Pferd die Möglichkeit, eigene Entscheidungen zu treffen und aktiv an der Interaktion teilzuhaben – ein entscheidender Schritt weg von passiver Anpassung hin zu echter Mitgestaltung im Alltag. So erhält das Pferd Selbstwirksamkeit zurück, kann lebendig interagieren, mitdenken und wird zufriedener sein.

Stell dir selbst einmal die Frage, wo und wie dein Pferd in der täglichen Interaktion mit dir etwas vorschlagen und mitbestimmen darf! Nimm dir zum Ziel, beim nächsten Mal eine Frage mehr zu stellen, eine Handlungsoption mehr zu ermöglichen (zum Beispiel Wählen der Bürste und Start des Putzens erst nach dem Startsignal, z. B. durch Berühren der Bürste) statt draufloszuputzen – manchmal sogar ohne dass wir mit unserer Aufmerksamkeit gerade wirklich bei unserem Pferd sind.

Wie Pferde mit ihrer Umwelt interagieren (können)

Das gilt aber nicht nur im Umgang mit dem Pferd: Auch die Haltung bietet den Vierbeinern mehr oder weniger Entscheidungsmöglichkeiten und Interaktionspunkte mit ihrer Umwelt. In einer klassischen Boxenhaltung stehen dem Pferd nur sehr begrenzte Entscheidungsmöglichkeiten zur Verfügung. Die Umgebung ist weitgehend statisch und die meisten Handlungen des Pferdes haben kaum Auswirkungen auf seine Situation. Ein Pferd kann in der Box meist nur zwischen Stehen und Liegen wählen, manchmal den Kopf aus der Box stecken oder sich an einer einzigen Schubberkante reiben. Fressen geschieht zu festgelegten Zeiten und an genau einem Ort, die Bewegungsmöglichkeiten sind eingeschränkt und soziale Interaktionen sind häufig nur über Gitter oder halb offene Wände möglich. Die Umwelt reagiert kaum auf das Verhalten des Pferdes, weshalb seine Interaktionspunkte mit der Umgebung äußerst begrenzt bleiben. Dadurch entstehen Situationen, in denen das Pferd nur selten echte Wahlmöglichkeiten erlebt und kaum Einfluss auf die Gestaltung seines Tages hat.

In einer enrichment-orientierten Haltung dagegen wird die Umgebung bewusst so gestaltet, dass das Pferd vielfältige Interaktionspunkte hat und sein Verhalten eine sichtbare und spürbare Wirkung entfaltet. Unterschiedliche Untergründe wie Sand, Kies, Waldboden oder Gummimatten geben dem Pferd die Möglichkeit, selbst zu wählen, welche Bodenbeschaffenheit sich in einem bestimmten Moment angenehm anfühlt oder welcher Untergrund für Ruhe oder Bewegung bevorzugt wird. Mehrere Unterstände und wettergeschützte Bereiche ermöglichen es dem Pferd, eigenständig zu entscheiden, wo es sich aufhalten möchte und welche Umgebung ihm Schutz oder Ruhe bietet. Verschiedene Futterstellen, die räumlich verteilt sind und unterschiedliche Höhen oder Strukturen aufweisen, fördern die natürliche Futtersuche und geben dem Pferd die Freiheit, Ort und Zeitpunkt der Nahrungsaufnahme selbst zu gestalten. Auch Schubbermöglichkeiten, die an unterschiedlichen Positionen im Auslauf angebracht sind und sich in Höhe und Material unterscheiden, erlauben es dem Pferd, gezielt auf körperliche Bedürfnisse zu reagieren. Gleichzeitig laden Spiel- und Erkundungsobjekte, Baumstämme, Podeste oder Weidepfade dazu ein, sich neugierig mit der Umwelt auseinanderzusetzen. Solche Strukturen ermöglichen es dem Pferd, aktiv Entscheidungen zu treffen: Möchte es sich bewegen, ruhen, fressen, schubbern, spielen oder erkunden? Welches Umfeld fühlt sich im Moment am besten an? Welche sozialen Kontakte möchte es aufnehmen?

Vergleicht man beide Haltungsformen, wird deutlich, wie groß der Unterschied im Erleben von Selbstwirksamkeit und Mitbestimmung ist. Während eine dauerhafte Boxenhaltung Interaktionen stark einschränkt und das Pferd zu überwiegend passivem Verhalten zwingt, eröffnet eine enrichment-orientierte Umgebung zahlreiche kleine und große Wahlmöglichkeiten, die den Tag des Pferdes formbar machen. Das Pferd kann seinen Tagesablauf selbst strukturieren, seine Bedürfnisse unmittelbar ausdrücken und ein viel breiteres Spektrum natürlicher Verhaltensweisen ausleben. Diese Vielfalt an Interaktionen mit der Umwelt wirkt sich unmittelbar auf Wohlbefinden, Motivation, Stresslevel und Lernbereitschaft aus und schafft eine Lebenswelt, in der das Pferd nicht nur untergebracht, sondern aktiv beteiligt ist.

Eine einfache Möglichkeit, dem Pferd Bereicherung zu schaffen, ist die Förderung von Selbstwirksamkeit. Viele Pferde lernen im Laufe ihres Lebens, dass sie den Anweisungen des Menschen Folge leisten müssen, ohne selbst nachzudenken. Dabei kann es sein, dass Eigeninitiative des Pferdes sogar bestraft wird. Verständlich, denn sie kann zu gefährlichen Situationen führen und das

Überlege einmal: Welche Interaktionspunkte hat dein Pferd mit seiner Umwelt? Wo kann es fressen, knabbern, klettern, mit anderen Pferden interagieren, galoppieren, trinken, liegen, schubbern, erkunden?

Pferd ist nicht in der Lage, so vorausschauend zu agieren wie der Mensch. So kann es zum Beispiel passieren, dass das Pferd einen neuen Gegenstand mit der Nase berühren möchte, den der Mensch als gefährlich einschätzt, sodass das Pferd für ein eigentlich natürliches und positives Erkundungsverhalten bestraft wird. Gleichzeitig wird dem Tier dadurch aber auch das Gefühl genommen, selbst (mit-)entscheiden zu können und somit für sich verantwortlich zu sein. Wenn das Pferd lernt, dass seine Meinung wahr- und ernstgenommen wird, dass ihm »zugehört« wird, kann es verstehen, dass seine Entscheidungen und Vorschläge Bedeutung haben. Stellen sich diese Entscheidungen als gut für das Pferd heraus (also als belohnend, beispielsweise durch Futter oder aber auch Ruhe und Sicherheit), wird es immer mehr auf sich selbst und seine Entscheidungen vertrauen.

Das bedeutet nicht, dass das Pferd alles selbst entscheiden muss. Sicher wäre das sogar fatal. Die Sicherheit des Pferdes, aber auch der Menschen oder anderer in der Umgebung muss zu jedem Zeitpunkt gewährleistet sein. Es liegt in der Verantwortung des Menschen, darauf zu achten, dass keine Gefahrensituation auftritt und dass das Pferd in einem solchen Moment die menschliche Autorität anerkennt. Denn Menschen verfügen über ein größeres Wissen und mehr Informationen über Gegenstände oder Situationen der Menschenwelt. Somit tragen sie dem Pferd (und anderen Menschen) gegenüber die Verantwortung, sicherzustellen, dass keine gefährlichen Situationen entstehen. Gleichzeitig liegt es aber auch im Verantwortungsbereich des Menschen, das eigene Pferd so zu fördern, dass es sich weiterentwickeln und eigene Entscheidungen treffen kann.

Im täglichen Umgang mit dem Pferd gibt es jedoch häufig kleine Momente, in denen der Mensch die Möglichkeit hat, auf die Idee des Pferdes einzugehen oder nicht. Diese kleinen Momente können bereits die Selbstwirksamkeit des Pferdes stärken und ein Alltagsabenteuer beginnen lassen. So kann es sein, dass das Pferd beim Spaziergang oder beim Ausritt einen bestimmten Weg gehen möchte, den der Mensch nicht eingeplant hatte. Wenn der Weg ungefährlich ist und genug Zeit gegeben ist, wäre es möglich, sich selbst die Frage zu stellen, warum nicht auf den Wunsch des Pferdes eingegangen werden sollte. Schließlich kann uns diese Idee auch wichtige Informationen geben: Möchte das Pferd einen Weg wählen, der schneller zurück zum Stall führt, oder einen, der die Runde verlängert? Möchte es vielleicht einen weniger steilen Weg wählen? Oder sucht es sich lieber den Grasweg aus als den Teerweg – und falls ja, warum? Es könnte mehr dahinter stecken als auf den ersten Blick sichtbar ist.

Ähnliches gilt auch, wenn das Pferd »Nein« sagt – sei es, indem es sich auf der Wiese nicht nähert (vielleicht sogar davonläuft), indem es das Gebiss nicht ins Maul nehmen möchte oder vor dem Reitplatzeingang stehen bleibt. All das ist Kommunikation und darauf einzugehen kann eine Bereicherung für das Pferd und seinen Menschen sein. Zudem kann es die Pferd-Mensch-Beziehung stärken, wenn auf die Meinung des Pferdes Wert gelegt und hinterfragt wird, warum es so handelt, wie es handelt. Das muss nicht bedeuten, dass die geplante Aktivität jedes Mal abgebrochen wird, weil das Pferd etwas nicht möchte. Stattdessen ist es wichtig zu beobachten: Ist heute etwas anders als sonst? Macht mein Pferd das regelmäßig oder ist es die Ausnahme? Auch Pferde können »schlechte Tage« haben und wenn es einmalig passiert, könnte es für alle Beteiligten schöner sein, sich nicht durch die Situation zu quälen. Entsteht die gleiche Situation allerdings immer wieder, ist es sinnvoll, auf Ursachensuche zu gehen: Hat das Pferd Schmerzen? Hat es schlechte Erfahrungen gemacht und dadurch eine negative Erwartungshaltung? Hat es Stress in der Herde? Es gibt viele Faktoren, die das Verhalten des Pferdes beeinflussen. Wenn die Ursache gefunden werden kann, ist es möglich, auf das Pferd zu hören und sie abzustellen, sodass wieder ein harmonischeres Miteinander entstehen kann.

Eine weitere schöne Möglichkeit, das Pferd aktiv in einen Entscheidungs-

prozess einzubeziehen, besteht darin, bestimmtes Equipment mit bestimmten Aktivitäten zu verknüpfen. Wird zum Beispiel das Knotenhalfter immer zum Spazierengehen verwendet, die Trense zur Dressurarbeit, der Kappzaum zum Longieren und das Sidepull zum Ausreiten, verbindet das Pferd Equipment und Aktivität.
Werden dann die verschiedenen Ausrüstungsgegenstände dem Pferd zur Auswahl präsentiert, kann beobachtet werden, welchen Gegenstand es auswählt. Es kann dabei hilfreich sein, die Gegenstände in einer festen Reihenfolge anzubieten oder alle gleichzeitig nebeneinander im gleichen Abstand zu präsentieren und zu sehen, welcher Gegenstand zuerst angesteuert wird. Wichtig ist, dass dies nur gemacht werden sollte, wenn die Entscheidung des Pferdes auch wirklich akzeptiert werden kann und ein sicheres Umfeld gegeben ist. Im Anschluss sollte also auch die vom Pferd gewählte Aktivität durchgeführt werden. Das stärkt das Vertrauen und die Selbstwirksamkeitserwartung des Pferdes.

Wer mag, kann außerdem Kooperationssignale nutzen. So kann das Pferd mitteilen, dass es bereit ist, gesattelt oder geritten zu werden. Diese werden beispielsweise trainiert, indem immer bei einer bestimmten Geste eine Handlung durchgeführt wird.

Sehen wir uns das am konkreten Beispiel des Sattelns an:
Der Sattel wird dem Pferd präsentiert und sobald das Pferd den Sattel mit der Nase berührt, wird der Sattel in Ruhe aufgelegt. Solange das Pferd den Sattel nicht berührt, wartet der Mensch und übergeht dieses Verhalten nicht. Wird dies immer wieder geübt (am besten zu Beginn mehrfach in einer Trainingseinheit, ohne dass geritten wird), kann das Pferd den Zusammenhang verstehen und das Signal in Zukunft bewusst einsetzen. Auch die Etablierung eines Pausenorts, beispielsweise visuell markiert durch zwei Hütchen während des gemeinsamen Trainings, kann eine Bereicherung für beide Seiten darstellen. Gleichermaßen können auch Aufsteige- oder Stopp-Signale eingeführt werden, die das Reiten oder Longieren beginnen oder beenden. Auch das kann das Vertrauen stärken und vermittelt dem Pferd, dass es selbstbestimmt leben kann. Die meisten Pferde entscheiden sich gern dafür, dem Menschen zu folgen, wenn sie einen Nutzen darin sehen und keine Strafe befürchten müssen, wenn sie sich gegen die gemeinsame Arbeit entscheiden. Sollte das Pferd dazu gezwungen werden müssen, mitzumachen, ist es vielleicht an der Zeit, sich zu fragen, warum das so ist.

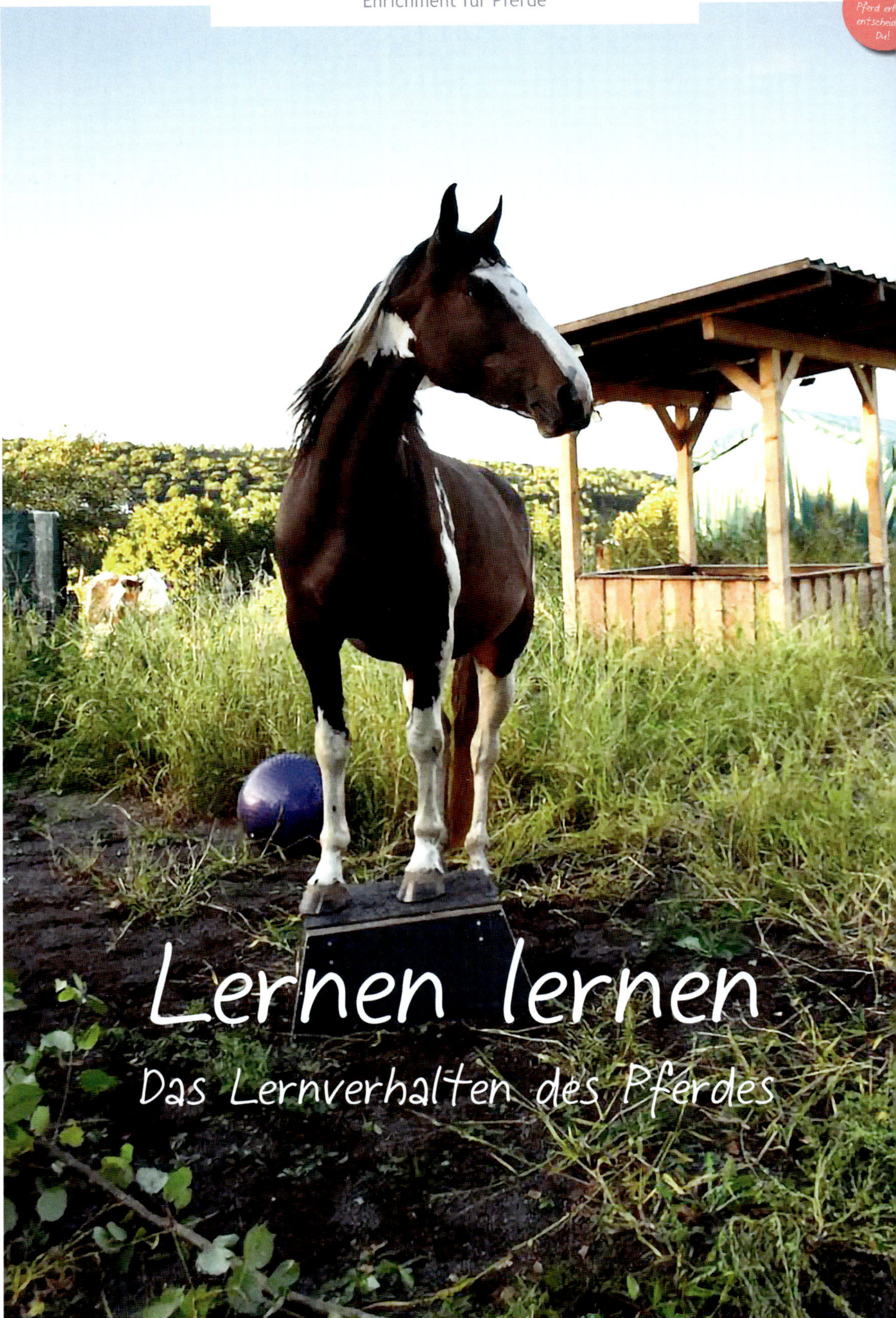

Lernen lernen

Das Lernverhalten des Pferdes

Was ist eigentlich Lernen?

Lernen ist ein grundlegender biologischer Prozess, der es einem Organismus ermöglicht, sein Verhalten durch Erfahrungen zu verändern. Beim Pferd – wie bei allen Tieren und auch beim Menschen – geschieht Lernen ständig, bewusst wie unbewusst. Jedes Erlebnis, jeder Reiz, jede Handlung und jede Konsequenz speichert das Gehirn ab und nutzt diese Informationen, um zukünftiges Verhalten anzupassen. Für Pferde als Flucht- und Lauftiere ist Lernen überlebenswichtig: Sie müssen schnell erkennen, welche Situationen sicher oder gefährlich, angenehm oder unangenehm sind. Genau deshalb können Pferde auch immens schnell lernen – im positiven wie im negativen Sinne. Auch Verhaltensprobleme entstehen durch Lernprozesse, ebenso wie erwünschte Trainingsfortschritte.

Lernen findet jederzeit statt.

Lernformen

Assoziatives vs. nicht-assoziatives Lernen

Das Lernverhalten des Pferdes lässt sich grob in zwei Kategorien einteilen. Beim nicht-assoziativen Lernen verändert sich die Reaktion auf einen einzelnen Reiz lediglich dadurch, dass dieser wiederholt auftritt. Beim assoziativen Lernen dagegen verknüpft das Pferd verschiedene Reize miteinander oder verbindet sein eigenes Verhalten mit einer Konsequenz. Beide Lernformen wirken ständig zusammen und prägen sowohl Alltagssituationen als auch gezielte Trainingsprozesse.

Nicht-assoziatives Lernen

Eine Form des nicht-assoziativen Lernens ist die Habituation (»Gewöhnung«). Dabei lernt das Pferd, einen ungewohnten wiederkehrenden Reiz als sicher einzustufen. Wenn ein junges Pferd etwa zum ersten Mal eine wehende Plane auf dem Hof sieht, kann dies einen Schreck auslösen. Wiederholt sich diese Begegnung jedoch in einem geschützten Rahmen und ohne negative Folgen, lässt die Reaktion nach und das Pferd bleibt ruhiger. Diese Anpassung, also Habituation, ermöglicht es dem Pferd, in einer reizreichen von Menschen gestalteten Umwelt entspannt zu bleiben und seine Energie auf wirklich relevante Reize zu konzentrieren. Wichtig ist dabei, dass die Reize niederschwellig und in einer

Form präsentiert werden, die für das Pferd nicht überwältigend ist. Zu intensive oder bedrohlich wirkende Reize führen nicht zur Gewöhnung, sondern zur gegenteiligen Reaktion oder erlernter Hilflosigkeit.

Erlernte Hilflosigkeit

Von erlernter Hilflosigkeit spricht man, wenn ein Pferd wiederholt Situationen erlebt, in denen es keinen Einfluss auf das Geschehen nehmen kann und seine eigenen Reaktionen keine erkennbare Wirkung zeigen. In solchen Momenten versucht das Tier zunächst, den unangenehmen Zustand durch aktives Verhalten zu verändern. Wenn dies jedoch immer wieder erfolglos bleibt, gibt das Pferd irgendwann jede Initiative auf. Es entsteht ein Zustand passiver Resignation, in dem das Tier nicht mehr zwischen beeinflussbaren und unbeeinflussbaren Situationen unterscheidet. Pferde mit erlernter Hilflosigkeit wirken äußerlich oft ruhig und unauffällig, zeigen aber innerlich deutliche Anzeichen von Stress, Spannung und fehlender Motivation. Sie reagieren verlangsamt, vermeiden Entscheidungen und zeigen kaum noch Neugier oder Mitdenken. Häufig entsteht dieser Zustand durch wiederholte Überforderung, inkonsistente Signale, unangekündigte aversive Reize oder Trainingsmethoden, die dem Pferd keine Möglichkeit geben, richtig oder falsch zu unterscheiden. Um erlernter Hilflosigkeit vorzubeugen, ist es wichtig, dem Pferd nachvollziehbare Strukturen, klare Signale und echte Wahlmöglichkeiten zu geben. Erfolgreiche Lernprozesse leben davon, dass das Pferd versteht, warum etwas funktioniert und wie es selbst zu einem guten Ergebnis beitragen kann.

Die Sensitivierung stellt das Gegenstück zur Habituation dar. Hier steigert sich die Reaktion auf einen Reiz, weil das Pferd ihn zunehmend als relevant einstuft. Erwünscht ist dieses Lernverhalten beispielsweise beim Reiten (als sensible Reaktion auf eine Gewichtshilfe) oder in der feinen Kommunikation in der Freiarbeit (beispielsweise beim Rückwärtstreten zunächst mit Berührung an der Brust, später ohne Berührung).

Assoziatives Lernen

Klassische Konditionierung

Bei der klassischen Konditionierung verknüpft das Pferd zwei Reize miteinander. Ein ursprünglich neutraler Reiz gewinnt dadurch Bedeutung, dass er zuverlässig einen weiteren, für das Pferd relevanten Reiz ankündigt – beispielsweise Futter. Das Klappern von Futtereimern kann beispielsweise signalisieren, dass es gleich Futter gibt, was eine freudige Erwartung auslöst. Umgekehrt kann das Sichten bestimmter Ausrüstungsgegenstände Nervosität hervorrufen, wenn diese wiederholt mit unangenehmen Erfahrungen verknüpft waren. Klassische Konditionierung spielt eine große Rolle bei der Entstehung von Emotionen und Erwartungen. Viele alltägliche Situationen sind davon geprägt, oft ohne dass der Mensch es bemerkt. Besonders im Bereich der Beziehung zwischen Mensch und Pferd ist es hilfreich, sich bewusst zu machen, wie viele solcher Reizverknüpfungen ständig entstehen.

Operante Konditionierung

Bei der operanten Konditionierung lernt das Pferd, dass sein eigenes Verhalten eine bestimmte Konsequenz nach sich zieht. Dieses Prinzip ist die zentrale Grundlage für jedes gezielte Training und für viele Verhaltensänderungen im Alltag. Ein Verhalten, das zu einer angenehmen Konsequenz führt, wird mit höherer Wahrscheinlichkeit wiederholt. Ein Verhalten, das unangenehme Folgen hat oder zu einer Enttäuschung führt, tritt seltener auf.

Die von uns bevorzugte Form der operanten Konditionierung ist die positive Verstärkung. Das Pferd zeigt ein erwünschtes Verhalten und erhält etwas Angenehmes, etwa Futter, ein Stimmlob, eine Pause oder ein Kraulen. Das Pferd lernt dadurch, dass sich dieses Verhalten lohnt. Wenn ein Pferd etwa beim Anblick eines ungewöhnlichen Gegenstands vorsichtig einen Schritt in dessen Richtung macht und dafür eine Belohnung bekommt, erhöht sich seine Bereitschaft, neue Situationen neugierig und mutig zu erkunden.

Eine weitere Form ist die negative Verstärkung. Dabei beginnt der Mensch mit einem leichten, für das Pferd unangenehmen Druck, der in dem Moment nachlässt, in dem das Pferd das erwünschte Verhalten zeigt. Wenn ein sanfter Zug am Strick sofort nachgibt, sobald das Pferd dem Zug folgt, lernt es, dass dem unangenehmen Gefühl ein Ende gesetzt wird, wenn es die geforderte Bewegung ausführt. Entscheidend ist, dass negative Verstärkung stets mit feinem Timing, geringer Intensität und einem echten Nachgeben arbeitet, damit das Lernen klar, fair und stressarm bleibt.

Es gibt auch Formen der Bestrafung, die jedoch mit großer Vorsicht einzusetzen sind. Positive Strafe beschreibt das Hinzufügen eines unangenehmen Reizes nach einem Verhalten, negative Strafe das Wegnehmen einer angenehmen Konsequenz. Beide beeinflussen Verhalten, bergen jedoch ein größeres Risiko für Stress, Angst oder Missverständnisse und führen zu einem weniger nachhaltigen Lernerfolg.

!

Wird beim Pferd durch ein hohes Stresslevel eine Fluchtreaktion ausgelöst, ist es nicht mehr fähig, zu lernen.

Moderne Trainingsmethoden setzen daher primär auf positive Verstärkung und auf ein Umfeld, in dem das Pferd freiwillig und motiviert lernt. In einer brenzligen Situation, wenn beispielsweise ein Jungpferd plötzlich beginnt, auf eine befahrene Straße zu laufen, ist ein Festhalten am Strick aus Sicherheitsgründen unerlässlich. Faktisch handelt es sich dabei um eine positive Strafe, die im Training möglichst vermieden werden sollte, in dieser Situation aber notwendig sein kann.

Besonders interessant wird die operante Konditionierung auch, wenn man beobachtet, wie Pferde im Alltag selbstständig lernen. Ein Pferd, das beim Führen zum Gras zieht und dabei erfolgreich fressen kann, hat sein Verhalten im Sinne positiver Verstärkung gestärkt. Alltägliche Situationen im Umgang miteinander formen das Verhalten auf subtile Weise – oft stärker als formale Trainingseinheiten.

Operante Konditionierung

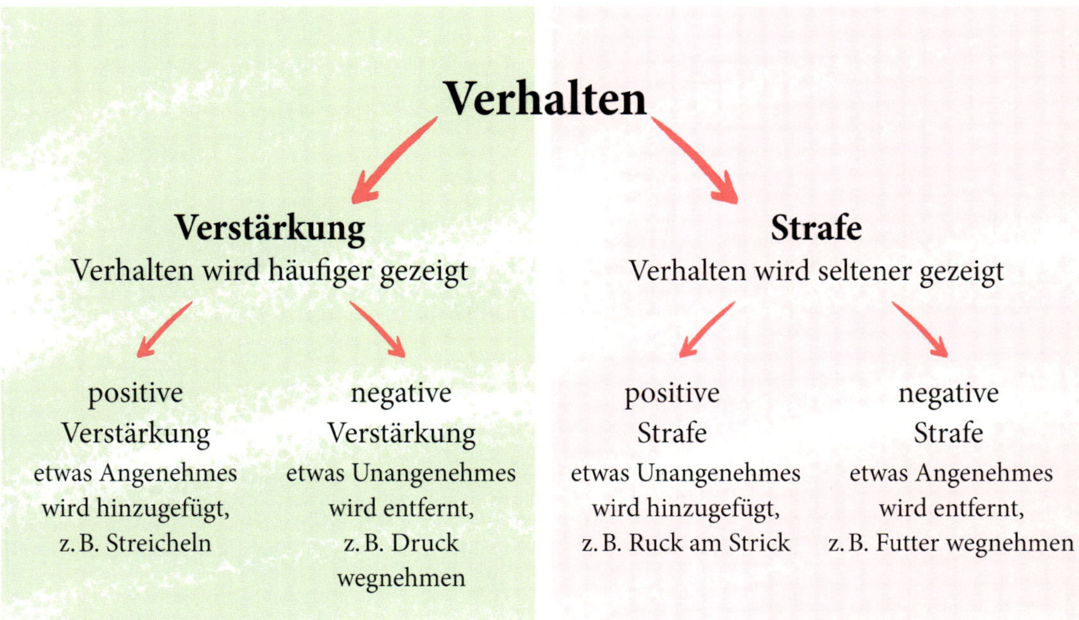

Im Training entstehen stabile Verhaltensmuster vor allem durch klares Timing. Pferde leben stark im Moment und verknüpfen eine Konsequenz nur mit der Handlung, die innerhalb weniger Sekunden davor stattgefunden hat. Erfolgt die Belohnung oder Erleichterung zu spät, lernt das Pferd etwas anderes als beabsichtigt. Ein präzises Timing macht den Unterschied zwischen erfolgreichem Lernen und verwirrenden Erfahrungen.

Grundlagen des Clickertrainings

Clickertraining basiert auf der Kombination klassischer und operanter Konditionierung. Der sogenannte Click ist ein kurzer, klarer, immer gleich klingender Marker, der dem Pferd präzise mitteilt, welcher Moment gerade richtig war. Der Click selbst erhält durch klassische Konditionierung seine Bedeutung, indem er zuverlässig mit einer Belohnung gekoppelt wird. Nach kurzer Zeit erzeugt er im Pferdegehirn eine positive Erwartung.

Im eigentlichen Trainingsprozess nutzt man den Click, um dem Pferd exakt mitzuteilen, welches Verhalten erwünscht ist. Da der Click sehr präzise und nicht emotional eingefärbt ist, eignet er sich besonders gut, um feine Verhaltensdetails zu markieren. Das Pferd lernt dann durch positive Verstärkung, diese Verhaltensweisen häufiger zu zeigen.

Ein zentraler Bestandteil des Clickertrainings ist das sogenannte Shaping. Hierbei wird komplexes Verhalten in kleine Schritte zerlegt, die das Pferd leicht bewältigen kann. Jede Annäherung an das Zielverhalten wird markiert und belohnt. Dadurch entwickelt das Pferd ein aktives, neugieriges Lernverhalten, das oft zu hohem Engagement und Freude am Mitdenken führt.

Ein weiterer Kernpunkt des Clickertrainings ist die Höflichkeit. Pferde, die lernen, ruhig zu bleiben und Distanz zur Futtertasche einzuhalten, erfahren, dass höfliches Verhalten verlässlich belohnt wird. Diese Grundlage sorgt dafür, dass das Training sicher und entspannt abläuft und das Pferd lernt, selbst in aufregenden Situationen kontrolliert mit Futter umzugehen. Das ist die Basis, damit das Pferd auch im Umgang mit Futterlob nicht aufdringlich wird und ein entspanntes Training gelingen kann.

Soziales Lernen

Pferde sind Herdentiere und orientieren sich stark an ihren Artgenossen. Sie beobachten, wie andere Pferde auf bestimmte Situationen reagieren und übernehmen dieses Verhalten häufig selbst. Ein Jungpferd, das sieht, wie ein erfahrenes Pferd ruhig am Traktor vorbeigeht, hat eine deutlich höhere Chance, diese Situation selbst ebenfalls gelassen zu meistern. Soziales Lernen erklärt, warum Herdenstrukturen, Vorbilder und

Gruppenhaltung eine so wichtige Rolle im Umgang mit Pferden spielen. Die Möglichkeit, durch Beobachtung Informationen zu sammeln, reduziert Stress und erhöht die Sicherheit im Alltag.

Latentes/Unterschwelliges Lernen

Latentes Lernen bezeichnet die Fähigkeit des Pferdes, Informationen über seine Umgebung aufzunehmen, ohne dass diese unmittelbar belohnt oder bestraft werden. Es handelt sich um eine Art stilles Lernen, bei dem das Pferd geistige Landkarten entwickelt. Ein Pferd, das einmal einen Weideweg oder eine bestimmte Strecke im Gelände gegangen ist, kann sich daran später ohne Probleme orientieren, selbst wenn es dabei keinerlei Belohnung oder direkte Anleitung erhalten hat. Diese Art des Lernens fördert die kognitive Flexibilität und trägt zur Anpassungsfähigkeit in neuen Situationen bei. Gerade in Enrichment-Kontexten, in denen die Umgebung abwechslungsreich gestaltet und neugieriges Erforschen gefördert wird, spielt latentes Lernen eine bedeutende Rolle.

Lernform	Kategorie	Beschreibung	Beispiel aus dem Pferdeleben
Habituation (Gewöhnung)	nicht-assoziativ	Abnahme der Reaktionsstärke auf einen wiederholt auftretenden harmlosen Reiz	Pferd erschrickt anfangs vor dem Klappern der Schubkarre, reagiert später nicht mehr darauf
Sensitivierung	nicht-assoziativ	Zunahme der Reaktion auf einen Reiz nach negativer oder intensiver Erfahrung	Pferd hält nach einem Stromschlag mehr Abstand zum Stromzaun
Klassische Konditionierung	assoziativ	Verknüpfung eines neutralen Reizes mit einem bedeutungsvollen Reiz	Die leere Futterschale weckt Erwartung an Futter, das Halfter kündigt Training an
Operante Konditionierung	assoziativ	Lernen durch die Konsequenzen des eigenen Verhaltens in Form von Verstärkung und Strafe	Pferd hebt den Huf auf Kommando, wird dafür gelobt – in Zukunft hebt es den Huf noch höher (positive Verstärkung, siehe Übersicht »Operante Konditionierung«)
Diskriminationslernen	assoziativ	Unterscheidung zwischen ähnlichen Reizen oder Signalen	Pferd reagiert auf unterschiedliche Stimmkommandos
Generalisierung	assoziativ	Übertragung eines gelernten Verhaltens auf ähnliche Situationen	Pferd geht auch auf einem fremden Reitplatz entspannt über Stangen
Latentes Lernen	kognitiv/ nicht-assoziativ	Wissen wird unbewusst erworben, beiläufiges Lernen aus Erfahrung	Pferd »merkt« sich Wege im Gelände und findet daher den Weg zum Stall allein zurück
Soziales Lernen (Beobachtungslernen)	assoziativ	Lernen durch Beobachtung von Artgenossen oder Menschen	Jungpferd folgt erfahrenem Pferd über unbekannten Untergrund
Einsichtslernen/ Problemlösen	kognitiv/assoziativ	Neues Verhalten entsteht durch Verknüpfung vorhandenen Wissens oder Strategien	Pferd bewegt einen unbekannten Futterball gezielt, um an Futter zu gelangen

Was Pferde alles können

Aktuelle pferdewissenschaftliche Forschung zu Kognition (Intelligenz) des Pferdes und Kommunikation zwischen Pferd und Mensch

Sich anzusehen, welche Erkenntnisse die Forschung zur Intelligenz der Pferde bereithält, ist ein wichtiger Faktor bei der Gestaltung von Enrichment. Denn Studien zeigen, dass Pferde vielfach unterschätzt werden und deutlich mehr Fähigkeiten haben, als ihnen durch den Menschen zugeschrieben werden. Gleichzeitig bedeutet es, dass die gezielte Förderung dieser Fähigkeiten dazu beiträgt, das Pferd geistig auszulasten und seine Zufriedenheit zu steigern. Daher sollen im Folgenden einige wichtige Erkenntnisse dargestellt werden.

Pferdewissenschaftler untersuchten 2021, ob Pferde menschliche Zeigegesten verstehen und dabei die Glaubwürdigkeit der Person einschätzen können. Dabei folgten die Tiere eher der Geste einer informierten Person als der eines unwissenden Menschen, was zeigt, dass Pferde sensibel für die Aufmerksamkeit und Vertrauenswürdigkeit von Menschen sind. Pferde erkennen, inwieweit Menschen sicher in ihren Handlungen sind – ein Zeichen dafür, dass auch für den Menschen das theoretische Wissen essenziell ist, um eine vertrauensvolle Beziehung mit dem Pferd aufzubauen.

In einer weiteren spannenden Studie zur bewussten Kommunikation und Entscheidungsfähigkeit aus dem Jahr 2016 lernten Pferde, über Symbole auf Tafeln ihre Deckenpräferenz auszudrücken und wählten situationsabhängig die für sie passende Option. Die Ergebnisse zeigen, dass Pferde aktiv Entscheidungen treffen und diese gezielt kommunizieren können.

Dies ist besonders im Kontext von Enrichment wichtig: Zum einen bietet sich laut dieser Studie eine einfache Möglichkeit, dem Pferd mehr Selbstbestimmtheit zu ermöglichen und zum anderen zeigt sie, dass Pferde deutlich intelligenter sind, als vielfach angenommen. Sie können nicht nur Symbole mit Handlungen verknüpfen, sondern auch entscheiden, ob sie eine Decke tragen möchten oder nicht.

Diese Fähigkeit haben alle Pferde in der Studie erlernt, sie ist also nicht auf besonders intelligente Tiere oder Zufälle beschränkt, sodass wir unseren Pferden auch ein Bewusstsein über ihr Empfinden (in Bezug auf Wärme und Kälte) attestieren können.

Die in der Studie verwendeten Symbole können durch Klassische Konditionierung mit dem Auf- oder Abziehen einer Decke verbunden werden. Durch operante Konditionierung lernen Pferde, dass sie selbst eine Wahlmöglichkeit haben.

2016 wurde in einer »unlösbaren Aufgabe« gezeigt, dass Pferde gezielt Blick- und Berührungssignale einsetzen, um Menschen auf ein unerreichbares Futter aufmerksam zu machen. Dies belegt, dass Pferde in der Lage sind, referenziell zu kommunizieren, also sich direkt auf etwas Äußeres zu beziehen und ihr Verhalten gezielt auf den Menschen abzustimmen.
Eine besonders eindrucksvolle Studie zur Beobachtung menschlicher Interaktionen stammt aus 2025: Hier änderten Pferde ihre Futterwahl nach Beobachtung, ob ein Mensch zuvor Zustimmung oder Ablehnung gegenüber einer Futterstelle zeigte. Insbesondere Pferde, die in Gruppenhaltung lebten, passten ihr Verhalten signifikant an, was Lernen durch Beobachtung (siehe Seite 175) (»Eavesdropping«) belegt.

Weitere aktuelle Forschung untersucht die Sensitivität von Pferden für menschliche Aufmerksamkeit. In einer Studie von 2024 reagierten Pferde auf die Aufmerksamkeit eines Menschen ihnen gegenüber durch längeren Blickkontakt und asymmetrische Ohrenstellungen, während 2023 gezeigt wurde, dass Haltung und soziale Umgebung die Fähigkeit beeinflussen, menschlichen Gesten zu folgen: Pferde, die in der Herde und in Haltungsformen mit mehr freien Entscheidungsmöglichkeiten gehalten wurden, nutzten Hinweise häufiger und effektiver als Pferde in Einzel- und Boxenhaltung.
Spannend ist hier auch die Perspektive der menschlichen Wahrnehmung: In einer 2024 veröffentlichten Studie konnten erfahrene Pferdehalterinnen und Pferdehalter nur etwa 60 % der Emotionen von Pferden anhand von Bildern oder Videos korrekt einschätzen, was die Komplexität der Kommunikation zwischen Pferd und Mensch und die Feinheit der zu deutenden Signale verdeutlicht. Schließlich eröffnet die Kombination von Videoanalyse und künstlicher Intelligenz neue Möglichkeiten: Ein 2025 entwickeltes System erkennt Gesichtsausdrücke, insbesondere Ohrenbewegungen, automatisch und erlaubt eine objektive, kontinuierliche Erfassung von Gemütszuständen, die die Forschung zu Pferdekommunikation und Wohlbefinden deutlich voranbringen kann.
Pferde können also nicht nur eigene Entscheidungen treffen, sie orientieren ihre Entscheidungen häufig auch an uns – während wir zum Teil mehr Signale und Emotionen des Pferdes falsch deuten als dass wir sie richtig deuten. Wie bei jeder Kommunikation sind Missverständnisse also auch in der Pferd-Mensch-Beziehung vorprogrammiert. Aber die Ergebnisse zeigen uns auch: Selbstkritisch hinzuhören, hinzuschauen und sich die eigene Kommunikation und Ausstrahlung bewusst zu machen, ist wertvoll für die Verständigung zwischen Pferd und Mensch. Dazu bietet Enrichment viele Möglichkeiten, da es

eine völlig andere Art ist, sich mit dem Pferd zu beschäftigen und es kennenzulernen.
In Bezug auf das Denken, Fühlen und Handeln unserer Pferde gibt es aktuell noch mehr offene Fragen als Dinge, die wir sicher wissen. Klar wird aber: Pferde können bewusste Entscheidungen treffen, ihre Handlungen anpassen und ihre Bedürfnisse kommunizieren. Wir sollten unseren Pferden immer besser zuhören: Sie haben uns eine Menge zu sagen und das kann unser beider (Zusammen-) Leben bereichern!

Wenn du dich genauer mit den vorgestellten Studien oder weiteren aktuellen pferdewissenschaftlichen Forschungsergebnissen beschäftigen möchtest, findest du alle Literaturangaben hinten im Buch auf Seite 175!

Intelligenztest fürs Pferd?!

Britta hat in Großbritannien an der Hartpury University selbst an einer Studie zum Pferde-Lernverhalten mitgearbeitet und dabei als Pferdewissenschaftlerin faszinierende Einblicke in das Verhalten und die Kognition von Pferden erhalten.

Hier kannst du den in der Studie verwendeten Lerntest – angepasst für unsere Bedingungen im heimischen Stall – selbst ausprobieren: Hier kommt die Anleitung für den Lerntest, der an der Universität für die Studie zum Lernverhalten und zu kognitiver Flexibilität eingesetzt wurde. Es ist gar nicht so einfach, das auf ein paar Stichpunkte zu kürzen, es gibt eine ganze Menge Dinge, auf die man achten kann und sollte – aber so können wir schon einmal einen ersten Eindruck von der Vorgehensweise vermitteln.

Um am heimischen Stall eine Kopftrainingseinheit einzubauen benötigt man natürlich nicht unseren komplizierten Versuchsaufbau wie auf der nächsten Seite gezeigt, aber mindestens eine weitere Person zur Unterstützung sollte dabei sein!

Es ist sicher auch eine gute Idee, die Einheit zu filmen, um später gut auswerten zu können, wie hoch die Trefferquote des Pferdes war. In wissenschaftlichen Veröffentlichungen spricht man häufig bei über 80 % erfolgreicher Versuche davon, dass die Pferde es wirklich verstanden beziehungsweise gelernt haben.
Wie viele Einheiten braucht dein Pferd, um die Aufgabe zu verstehen?

Das brauchst du:

2 Blätter DinA4-Pappkarton,
1 x weiß, 1 x dunkelgrau
(gesunde, kleine) Leckerlis
1 x Helfer/in und 1 x Pferd
ggf. einen Clicker
ggf. eine ausgedruckte Liste mit einer Zufallsverteilung*

*Auf der Liste steht 30 x A oder B, in zufälliger Reihenfolge, beides je 15 x.
A bedeutet, dass das weiße Schild rechts gehalten wird, B bedeutet, dass das dunkelgraue Schild rechts gehalten wird.

Es ist vorteilhaft, wenn das Pferd Erfahrung im Training mit positiver Verstärkung und/oder Targettraining hat, aber nicht zwingend erforderlich. In der Regel verstehen die Pferde sehr schnell, dass es darum geht, die Schilder zu berühren.

Und so geht es:

- Nutze eine ruhige Umgebung für den Lerntest.
- Stelle dich neben dein Pferd.
- Die zweite Person steht euch gegenüber, hält die beiden Schilder verdeckt hinter dem Rücken.
- Die zweite Person hält beide Schilder gleichzeitig vor sich.
- Das Pferd soll das weiße Schild berühren, also »auswählen«.
- Wählt es das dunkle Schild, werden beide Schilder wieder hinter den Rücken gehalten und nach wenigen Sekunden erneut präsentiert.
- Berührt das Pferd das richtige Schild, wird es gelobt und die Schilder wieder hinter den Rücken genommen. Nach ein paar Sekunden startet die nächste Runde.
- Wechselt zufällig ab (siehe oben), welches Schild rechts und welches links gehalten wird – beide Seiten sollten gleich häufig vorkommen.

Versuchsaufbau Studie Lernverhalten

Versuchsaufbau für zu Hause

Vorteile von neuen Reizen (bei Pferd und Mensch gleichermaßen)

In den folgenden Abschnitten möchten wir uns mit dem befassen, was im Pferdekopf vorgeht, wenn das Pferd neuen Reizen ausgesetzt wird, die es ihm ermöglichen, natürlichen Bedürfnissen, Fähigkeiten und Verhaltensweisen nachzugehen. So werden wir auf Basis wissenschaftlicher Erkenntnisse erklären, warum das stundenlange Stehen in einer Innenbox nicht nur für den Bewegungsapparat, sondern auch fürs Pferdegehirn Gift ist. Und da wir wissen, dass wir uns häufig besser um unsere Pferde als um uns selbst kümmern: All diese Erkenntnisse gelten auch für Menschen – in Bewegung zu bleiben und immer wieder Neues zu erleben und zu lernen, sind Schlüssel zu unserer Gesundheit. Mit der Lektüre dieses Buchs ist in jedem Fall ein Schritt in die richtige Richtung getan.

Neue Reize sind im Allgemeinen ein wesentlicher Bestandteil sowohl des geistigen als auch des körperlichen Wohlbefindens von Pferden und Menschen. Sie wirken stimulierend auf das Gehirn, fördern Lernverhalten und Kognition und tragen auf vielfältige Weise zur psychischen und physischen Gesundheit bei. In einer sich ständig verändernden Umgebung müssen alle Lebewesen in der Lage sein, sich anzupassen, neue Strategien zu entwickeln und flexibel auf Herausforderungen zu reagieren. Dies gilt gleichermaßen für Pferde in einer natürlichen oder menschengeschaffenen Umgebung wie auch für Menschen in ihrem täglichen Leben.

Auf der Ebene des Lernverhaltens wirken neue Reize als Katalysatoren für den Lernprozess. Lernen erfolgt durch Erfahrung und ohne neue Erfahrungen gibt es keinen Lernfortschritt. Reize, wie unbekannte Objekte, Geräusche oder visuelle Eindrücke, bringen das Gehirn dazu, sich mit neuen Situationen auseinanderzusetzen. Das gilt sowohl für das Pferd, das beispielsweise eine unbekannte Umgebung erkundet, als auch für den Menschen, der durch neue Aufgaben oder Herausforderungen gezwungen wird, Lösungen zu finden. Dieser Prozess der Auseinandersetzung mit Neuem stärkt die kognitive Flexibilität, also die Fähigkeit, sich schnell auf neue Situationen oder Anforderungen einzustellen. Das regelmäßige Erleben neuer Reize hält das Gehirn aktiv und stimuliert unterschiedliche Areale gleichzeitig, was besonders im Alter eine Rolle spielt: Studien zeigen, dass abwechslungsreiche und stimulierende Umgebungen das Risiko von kognitivem Abbau im höheren Lebensalter verringern können – also dass Reizarmut, Langeweile und Isolation zu einer Verschlechterung kognitiver Leistungen führen kann.

Auch in der Entwicklungsbiologie spielen neue Reize eine entscheidende Rolle. Bei (jungen) Pferden und Menschen unterstützt eine stimulierende Umwelt die gesunde Entwicklung des Nervensystems. Neuronen vernetzen sich besser, wenn das Individuum regelmäßig neue Sinneseindrücke und Herausforderungen erfährt. Dies ist besonders wichtig in den ersten Lebensjahren von Mensch und Tier, da das Gehirn in dieser Zeit besonders plastisch ist und sich stark formt beziehungsweise vernetzt. Junge Pferde, die eine abwechslungsreiche Umgebung mit unterschiedlichen sozialen und sensorischen Erfahrungen erleben, entwickeln eine bessere Anpassungsfähigkeit, soziale Kompetenz und sind in späteren Jahren resistenter gegenüber Stressoren.

Ein weiterer zentraler Aspekt ist der Einfluss von neuen Reizen auf die psychische Gesundheit. Eine Umgebung, die frei von Abwechslung und Anregungen ist, kann zu Langeweile, Frustration und Stress führen. Pferde, die in eintönigen, reizarmen Umgebungen leben, zeigen häufig Verhaltensstörungen wie Koppen oder Weben. Diese Verhaltensweisen sind dringende Warnzeichen von Stress und/oder Unterforderung. Neben der Sicherstellung einer artgerechten Haltung mit Artgenossen kann durch das Einführen neuer Reize wie Strukturelemente, Fütterungsmethoden oder Sinnesreize das emotionale Wohlbefinden dieser Tiere erheblich gesteigert werden. Sie bleiben neugieriger, ausgeglichener und problematische Verhaltensweisen oder Stereotypien können sich deutlich verbessern oder sogar ganz verschwinden. Da Stress in einem Pferde- oder Menschenleben nie gänzlich vermieden werden kann, ist es wichtig, Raum und Mittel zur Bewältigung von Stress zu bieten. Dazu zählen bei den Pferden beispielsweise genügend Bewegungsflächen, Artgenossen, pferdegerechtes Futter, aber auch Enrichment-Maßnahmen wie Schubbermöglichkeiten und weicher Untergrund zum Wälzen. Auf kognitiver Ebene fördern solche Aktivitäten das psychische Wohlbefinden durch die Freisetzung von Dopamin, einem »Glückshormon«, das bei positiven Erfahrungen ausgeschüttet wird.

Im Bereich der physischen Gesundheit tragen neue Reize ebenfalls maßgeblich zur Erhaltung der körperlichen Fitness bei. Sowohl Pferde als auch Menschen benötigen regelmäßige Bewegung, um gesund zu bleiben. Diese wird oft durch eine abwechslungsreiche Umgebung oder neue interessante Objekte oder Herausforderungen angeregt. Ein – biologisch bedingt – besonders großer Motivator ist dabei Nahrung. In der Natur bewegen sich Pferde stetig auf der Suche nach Futter, was nicht nur den Stoffwechsel, sondern auch das Herz-Kreislauf-System und die Muskulatur anregt. In der Pferdehaltung kann die Einbindung von Bewegungsanreizen, wie die Haltung in Paddock Trails oder das Training in Hindernisparcours wie beim Extreme Trail, dazu beitragen, die körperliche Gesundheit des Pferdes zu verbessern und Verhaltensproblemen vorzubeugen. Bewegung unterstützt darüber hinaus das Immunsystem, reguliert den Stoffwechsel und verringert das Risiko chronischer Krankheiten.

Neue Reize haben nicht nur positive Auswirkungen auf die kognitive und physische Fitness, sondern auch auf die Alterung des Gehirns. Besonders im Alter neigen Menschen- ebenso wie Pferdegehirne dazu, an Plastizität zu verlieren, was bedeutet, dass es schwieriger wird, neue Informationen zu verarbeiten und zu speichern. Wenn jedoch das Gehirn regelmäßig durch neue Eindrücke stimuliert wird, können altersbedingte Degenerationsprozesse verlangsamt werden. Die Neuroplastizität wird aktiviert, was sich positiv auf das Gedächtnis und die allgemeine kognitive Leistungsfähigkeit auswirkt. In Studien an älteren Menschen zeigt sich, dass geistig aktive Personen – diejenigen, die regelmäßig musizieren, eine neue Sprache lernen oder sich neuen Hobbys widmen – später weniger an Gedächtnisverlust und kognitiven Einschränkungen leiden als solche, die keine neuen Herausforderungen mehr erleben. Ähnliche Effekte werden auch bei Tieren beobachtet, wo ältere Pferde, die regelmäßig neue Umgebungen oder Aufgaben kennenlernen, eine verbesserte mentale Flexibilität und eine bessere Allgemeinverfassung zeigen. Hier ist aber noch viel Forschungsarbeit erforderlich!

> Neuroplastizität bezeichnet die Fähigkeit des Gehirns, sich ein Leben lang zu verändern und anzupassen. Durch neue Erfahrungen, Lernprozesse und Umweltreize können sich neuronale Verknüpfungen neu bilden, verstärken oder auch zurückbilden. Beim Pferd bedeutet das: Jede neue, sinnvoll gestaltete Erfahrung – sei es ein unbekannter Reiz, eine Problemlöseaufgabe oder eine neue Bewegungsanforderung – kann die Struktur und Funktion des Gehirns positiv beeinflussen.
> Gezieltes Enrichment nutzt diese Eigenschaft, indem es Lernprozesse anregt, die geistige Flexibilität fördert und langfristig zu besserer Anpassungsfähigkeit, Resilienz und Wohlbefinden beiträgt.

Zusammenfassend lässt sich sagen, dass neue Reize ein Schlüsselfaktor für die Förderung von Lernverhalten (dem wir noch ein eigenes Kapitel widmen), kognitiver Flexibilität, Entwicklungsprozessen sowie psychischer und physischer Gesundheit sind. Sie tragen dazu bei, die Gehirnfunktion aufrechtzuerhalten, Stress und Langeweile zu mindern und die allgemeine Lebensqualität zu verbessern – sowohl für Pferde als auch für Menschen. Die gezielte Einbindung von abwechslungsreichen und stimulierenden Erfahrungen ist daher nicht nur eine Bereicherung des täglichen Lebens, sondern auch eine wesentliche Voraussetzung für langfristiges Wohlbefinden und Gesundheit.

Wann habt ihr zum letzten Mal etwas mit eurem Pferd zum ersten Mal gemacht?

Chronischer Stress

Enrichment kann dazu beitragen, Stress beim Pferd zu reduzieren. In der Wissenschaft wird Stress als Reaktion des Körpers auf Reize (Stressoren) angesehen, die eine mögliche Bedrohung darstellen und eine Anpassung erfordern.

Dabei ist Stress zunächst nichts Schlechtes: Wenn ein Pferd in seinem Leben Stressoren wahrnimmt, passieren verschiedene Dinge in seinem Körper, die das Pferd darauf vorbereiten, zu fliehen oder zu kämpfen. Dafür werden unter anderem die Herzfrequenz und der Blutdruck erhöht, um schnelle Reaktionen zu fördern und den Körper mit Energie zu versorgen.
Gleichzeitig führt eine Hormonkaskade auch zur Ausschüttung von Cortisol. Cortisol ist ein lebenswichtiges Hormon, das kurzfristig dabei hilft, Energiereserven zu mobilisieren, wobei es auch Einfluss auf Entzündungsreaktionen und den Stoffwechsel hat.
Cortisol wirkt jedoch auch als Weiche für den Rückkopplungs-Mechanismus im Körper: Vereinfacht gesagt kann davon ausgegangen werden, dass die Ausschüttung von Stresshormonen beendet wird, wenn ein gewisses Maß an Cortisol überschritten wird. Das funktioniert jedoch nicht mehr, wenn der Stress chronisch wird.

Als Fluchttier war das Pferd in seiner natürlichen Umgebung auf die schnelle Wirkung der Stressreaktion angewiesen, doch gerade wenn es in menschlicher Obhut in seiner Bewegung eingeschränkt wird, kann es sein, dass es den Stress nicht abbauen kann. Doch auch viele weitere Faktoren können bei domestizierten Pferden Stress erzeugen und diesen chronisch werden lassen. Dazu zählen unpassende Herdenzusammenstellungen, eine geringe Verfügbarkeit von Futter oder ständige Störungen während der Ruhephasen. Aber auch eine reizarme Umgebung, Bewegungsmangel und Langeweile führen bei Pferden zu Stress!
Bei langfristig anhaltendem Stress können die Veränderungen im Körper dazu führen, dass das Immunsystem geschwächt und der Stoffwechsel belastet wird. Wunden können schlechter heilen und der Schlaf kann beeinträchtigt sein, wodurch es zu verschiedenen Auffälligkeiten kommen kann. Dazu zählen

Chronischer Stress zeigt sich oft in passivem Verhalten oder einer starken Anspannung, bei beiden treten oftmals sogenannte Sorgenfalten (dreieckig über dem Auge) auf.

Pseudonarkolepsie durch den REM-Schlafmangel, erhöhte Schreckhaftigkeit, dauerhafte Anspannung oder auch sozialer Rückzug bis hin zu Apathie. Körperlich zeigen chronisch gestresste Pferde oftmals ein Schmerzgesicht, aber auch Koliken und Kotwasser können daraus resultieren. In Extremfällen treten auch stereotype Verhaltensweisen wie Weben oder Koppen auf, die als Versuch dienen, den Stress zu regulieren. Gleichzeitig können auch die Fähigkeiten zur Konzentration und zum Lernen durch chronischen Stress stark eingeschränkt werden.

Daher ist es wichtig, den Stress auf Dauer möglichst abzumildern und die Umgebungdes Pferdes so zu gestalten, dass es sich entsprechend seiner Bedürfnisse verhalten kann.

Pferdesinne
und wie wir sie ansprechen können

Die Wahrnehmung des Pferdes

Um die Pferdesinne mit Enrichment-Maßnahmen gezielt ansprechen zu können, ist es unerlässlich, zunächst zu verstehen, wie Pferde ihre Umwelt wahrnehmen. Pferde haben in ihrer Evolution als Fluchttiere hochspezialisierte sensorische Fähigkeiten entwickelt, die ihnen helfen, potenzielle Gefahren frühzeitig zu erkennen und auf ihre Umgebung zu reagieren. Indem wir die Besonderheiten der Wahrnehmung von Pferden verstehen, können wir ihr Verhalten besser deuten und schließlich ihre Lebensumgebung so gestalten, dass sie angemessen gefordert und gefördert werden.

Sinneswahrnehmung

Visuell

Auditiv

Haptisch

Olfaktorisch

Gustatorisch

Sehsinn
(visuelle Wahrnehmung)

Pferde haben ein extrem weites Sichtfeld, da ihre Augen – im Gegensatz zum Menschen – seitlich am Kopf liegen. Dies ermöglicht ihnen, fast ihre gesamte Umgebung wahrzunehmen, was besonders wichtig ist, um als Fluchttier frühzeitig Gefahren zu erkennen. Ihr Sehsinn ist auf Bewegungen spezialisiert – Pferde bemerken auch kleinste Veränderungen in ihrer Umgebung, was sie aufmerksam und wachsam macht. Diese Bewegungen sind für den Menschen häufig gar nicht wahrnehmbar, weshalb wir die Reaktionen der Pferde nicht immer richtig deuten können. Gleichzeitig haben sie jedoch eine eingeschränkte Sehschärfe und einen blinden Fleck oder »toten Winkel« direkt vor ihrem Kopf und hinter ihrem Körper, was erklärt, weshalb Pferde manchmal auf plötzliche Bewegungen oder Annäherungen in diesen Bereichen nervös reagieren. Zudem nehmen Pferde Farben anders wahr als wir. Eine grafische Annäherung, wie das aussehen kann, haben wir rechts eingefügt. Die pferdewissenschaftliche Forschung in diesem Bereich ist aber noch längst nicht abgeschlossen. Vieles über die Sinneswahrnehmung von Pferden wissen wir heute noch nicht genau. Was wir sicher wissen: Nachts und besonders in der Dämmerung sehen Pferde deutlich besser als Menschen, was sie zu besonders guten Beobachtern ihrer Umwelt macht. Dass Pferde bei schlechteren Lichtverhältnissen mehr wahrnehmen können als wir Menschen, liegt unter anderem an einer besonderen Schicht, die Tapetum Lucidum genannt wird und im Auge dafür sorgt, dass das einfallende Licht reflektiert und so »doppelt genutzt« wird. Dieses Gewebe im Auge ist auch die Ursache dafür, dass Pferde-, aber auch Katzen- oder Fuchsaugen im Dunkeln silbern leuchten, wenn sie angestrahlt werden. Aufgrund dieser und weiterer Faktoren brauchen Pferde länger als wir Menschen, um ihre Wahrnehmung bei plötzlicher Helligkeit oder Dunkelheit umzustellen.

Pferde benötigen mehr Zeit als wir Menschen, um ihre Wahrnehmung beim Übergang von Hell zu Dunkel und umgekehrt umzustellen. Das sollten wir beachten, wenn wir im Stall das Licht einschalten oder aus der hell erleuchteten Reithalle plötzlich in die Dunkelheit treten.

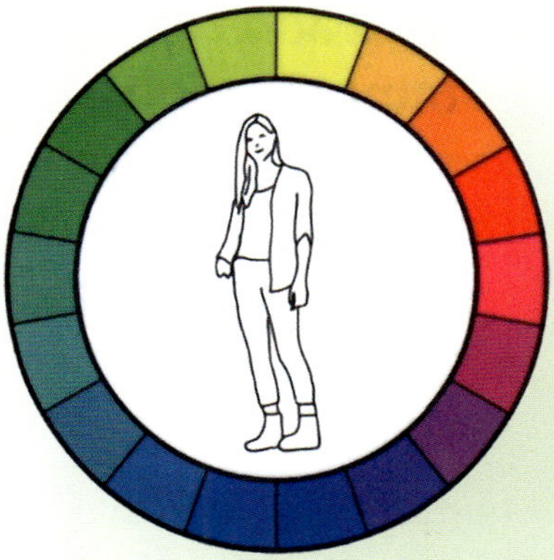

Trichromatisches vs. dichromatisches Sehen

Menschensicht – Pferdesicht (Symbolbilder)

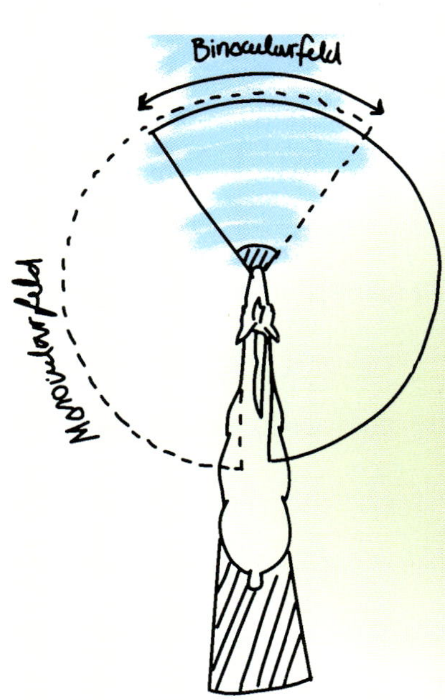

Gesichtsfeld beim Pferd

Monocularfeld: Bereich, *der von einem Auge wahrgenommen wird, hier kann das Pferd nicht räumlich sehen!*

Binocularfeld: *Mit beiden Augen wahrgenommen, nur hier ist räumliches Sehen möglich!*
In diesem Bereich sieht das Pferd auch schärfer.

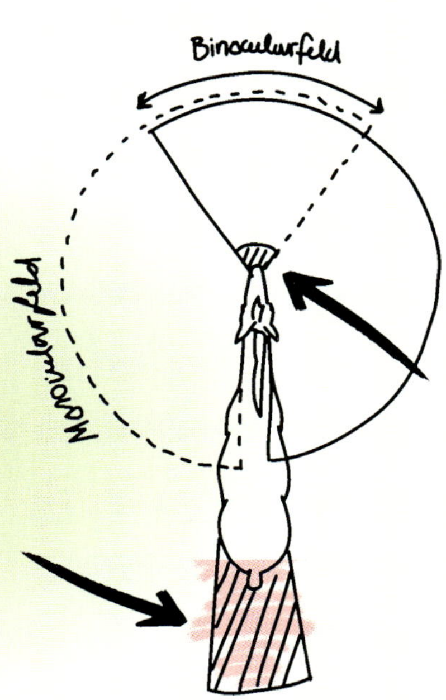

Was Pferde nicht sehen

Tote Winkel hat das Pferd direkt hinter sich und unmittelbar vor und unter dem Kopf. Plötzlich auftretende Reize in diesem Bereich können, wie bei uns Menschen auch, zu Erschrecken führen.

Um den Sehsinn im Rahmen von Enrichment-Maßnahmen anzusprechen, können neue visuelle Reize wie beispielsweise Farben oder Bewegungen eingesetzt werden. Dazu gehören neue Umgebungen oder das Einführen von Trainingsobjekten wie flatternde Fahnen oder dynamische Farbwolken (wie beispielsweise mit Holipulver, siehe Seite 110f).

Werden diese Reize im Training positiv verknüpft, fördern sie das Erkundungsverhalten der Pferde und regen sie dazu an, ihre Umgebung aktiv und aufgeschlossen zu beobachten und zu erforschen. Gleichzeitig bereiten sie vor auf im Umgang mit Menschen alltägliche, aber für Pferde ungewohnte, Situationen, die die Pferde dann gelassen, neugierig und sicher bewältigen können. Je mehr Pferde dabei im Laufe ihres Lebens schon kennengelernt haben, desto besser können sie diese Erfahrungen übertragen und Neues auch in Zukunft gut einordnen.

Geruchssinn
(olfaktorische Wahrnehmung)

Der Geruchssinn ist für Pferde ebenfalls von großer Bedeutung. Sie nutzen ihn, um Futter zu überprüfen, soziale Bindungen zu pflegen und Gefahren wahrzunehmen. Pferde haben eine viel empfindlichere Nase als Menschen und können Gerüche sehr differenziert wahrnehmen. Ihr Jacobson-Organ, das beim Flehmen aktiviert wird und auf die Wahrnehmung von Pheromonen spezialisiert ist, unterstützt sie dabei, soziale Informationen wie den Fortpflanzungsstatus anderer Pferde oder individuelle Duftmarken zu erkennen.

Gleichzeitig wird klar, dass diese empfindliche Pferdenase und -lunge nicht mit intensivem Gestank wie beispielsweise Ammoniak in einem ungepflegten Stall belastet werden sollte.

> TIPP! Viele Pferde werden auf Bodenhöhe gefüttert. Es kann sehr aufschlussreich sein, sich mit seiner Nase auch einmal auf Bodenhöhe zu begeben – häufig ist die Ammoniakbelastung, die wir im Stehen kaum wahrnehmen, auf dieser Höhe deutlich unangenehm und damit auch schädlich, für uns und fürs Pferd. Das kann ein wichtiger Test sein, um die Hygiene zu überprüfen und die Lungengesundheit des Pferdes zu schützen.
> Olfaktorische Reize sind – besonders in Kombination mit Futter-Enrichment – sehr effektiv, um das Erkundungsverhalten zu fördern. Indem verschiedene Gerüche in die Umgebung integriert werden, etwa durch Kräuter, Knabberäste oder verstecktes (Saft-)Futter, können Pferde dazu angeregt werden, ihre Umgebung intensiver zu erkunden, auf Futtersuche zu gehen und mit ihren Sinnen zu selektieren.

Gehörsinn
(auditive Wahrnehmung)

Pferde haben ein feines Gehör, das es ihnen ermöglicht, Geräusche über weite Distanzen zu lokalisieren. Ihre Ohren sind sehr beweglich und können unabhängig voneinander in verschiedene Richtungen gedreht werden, um Geräusche präzise zu orten. Selbst weit entfernte und plötzlich auftretende Geräusche, die wir Menschen möglicherweise gar nicht wahrnehmen, können Pferde stark beunruhigen, da sie als Fluchttiere auf akustische Warnsignale angewiesen sind. Pferde hören zudem in einem höheren Frequenzbereich als Menschen und können auch Ultraschallgeräusche wahrnehmen. Ständiger Lärm oder

Töne im hohen Frequenzbereich, wie ein Maulwurfschreck, sind für die empfindlichen Pferdeohren unangenehm.

TIPP! Insbesondere, wenn wir uns mit den feinen Pferdesinnen beschäftigen, fällt immer wieder auf: Im Alltag mit unseren Pferden prallen Menschenwelt und Pferdewahrnehmung aufeinander – und lassen sich gar nicht so leicht vereinbaren. Zwei wichtige Dinge können wir aus diesem Kapitel mitnehmen: 1) Ab und zu versuchen, uns in die Wahrnehmung unseres Pferdes hineinzuversetzen und 2) unseren Pferden die Menschenwelt Schritt für Schritt zu zeigen und zu erklären, damit sie sich darin gut zurechtfinden können.

Pferde nehmen in ihrer Umgebung eine Vielzahl von Reizen wahr, die sie nicht immer eindeutig zuordnen können – insbesondere, wenn sie beispielsweise in einer Box stehen und ihre visuelle Wahrnehmung eingeschränkt ist. Dann können sie die Reize nicht ihrem Ursprung zuordnen und reagieren schreckhaft oder abwehrend.
Erkennen Pferde jedoch die Quelle eines Geräusches und können das Geräusch einordnen, stärkt das ihr Sicherheitsgefühl. Sie erleben Selbstwirksamkeit: Das Verstehen der Situation ermöglicht ihnen, angemessen zu reagieren. Dadurch werden sie insgesamt gelassener und entwickeln mehr Vertrauen – sowohl in ihre Umwelt als auch in ihre eigenen Fähigkeiten, mit neuen Reizen umzugehen. So entsteht eine stabile Grundlage für den Umgang mit zukünftigen, unbekannten Situationen, die sich auf den bereits erworbenen Erfahrungsschatz stützt.

Geräusche lassen sich gezielt in die Enrichment- und Vertrauensarbeit integrieren – etwa als Vorbereitung auf Alltagssituationen wie vorbeifahrende Autos, flatternde Fahnen, raschelnde Plastiktüten oder klappernde Gegenstände.

Tastsinn
(haptische Wahrnehmung)

Der Tastsinn der Pferde ist besonders in den Bereichen um Nase, Lippen und Maul sehr ausgeprägt. Diese Regionen sind reich an Nervenenden und ermöglichen den Pferden, Objekte genau zu ertasten und Futter zu überprüfen. Auch ihre Haut ist sehr empfindlich und kann selbst leichte Berührungen, wie etwa ein Insekt auf ihrem Fell, wahrnehmen. Pferde nutzen den Tastsinn auch, um soziale Bindungen durch gegenseitiges Kraulen und Körperkontakt zu pflegen. Auch über die Hufe können verschiedene Untergründe differenziert wahrgenommen und die Trittsicherheit gefördert werden.

Haptisches Enrichment kann durch das Einbringen von Objekten, die Pferde berühren und untersuchen können, gefördert werden. Verschiedene Materialien und Oberflächen, wie zum Beispiel Bürsten, Paddockböden mit unterschiedlichen Strukturen oder hängende Objekte, bieten Pferden eine sinnliche Abwechslung. Diese taktilen Anreize können sie mit Lippen und Maul erkunden, was ihre natürliche Neugier und ihr Bedürfnis nach Erkundung befriedigt.

!

Ungeduld beim Training verhindert, dass Pferde neue Reize wirklich verstehen. Wir Menschen kennen die jeweiligen Gegenstände selbstverständlich schon und neigen dazu, sie schnell »abhaken« zu wollen. Lass dein Pferd neue Situationen oder Objekte in Ruhe untersuchen – mit Nase, Hufen oder Lippen und ermutige es, neugierig zu sein. Hierbei geht die Sicherheit von Pferd und Mensch natürlich immer vor, nicht alle Objekte können untersucht werden. Ein klares Signal wie »Touch it« hilft, Erkundung zu erlauben und gleichzeitig Sicherheit zu wahren. Und dann gilt: Gib deinem Pferd Zeit, den Reiz zu verarbeiten – das stärkt Vertrauen und Gelassenheit.

Geschmackssinn
(gustatorische Wahrnehmung)

Der Geschmackssinn ist eng mit dem Geruchssinn verbunden und hilft Pferden, Futter zu identifizieren und zu beurteilen. Sie haben, wie wir Menschen, eine Vorliebe für süße Aromen und meiden von Natur aus bittere Geschmacksrichtungen, die auf giftige Pflanzen hinweisen könnten. Pferde entwickeln dabei im Laufe ihres Lebens auch individuelle Vorlieben und Abneigungen, die auf ihren Erfahrungen oder Veranlagungen basieren.

Enrichment-Maßnahmen, die den Geschmackssinn anregen, beinhalten das Anbieten von geeignetem Pferdefutter oder die Variation von Futterplätzen. Dabei kann unter anderem das Einbringen von Kräutermischungen, unbekanntem Saftfutter oder speziellen Geschicklichkeits- und Intelligenzspielzeugen wie Knusperstämmen oder Futterspielbällen eine Rolle spielen. Geschmacksvielfalt in pferdegerechten Maßen kann die Neugier der Pferde fördern und bietet ihnen eine weitere Möglichkeit, ihre Umgebung aktiv zu erforschen.

Ganzheitliche Ansprache der Sinne

Die Sinne des Pferdes bieten uns eine Vielzahl von Möglichkeiten, Enrichment-Maßnahmen effektiv und bereichernd zu gestalten. Durch das gezielte Ansprechen des Sehsinns, des Geruchssinns, des Gehörs, des Tastsinns und des Geschmackssinns können wir eine Umgebung schaffen, die ihre natürlichen Verhaltensweisen fördert und ihnen hilft, sich sowohl geistig als auch körperlich zu entfalten. Eine solche sensorisch vielfältige Umgebung – gezielt in Trainingssituationen oder kontinuierlich in Haltungskontexten – ist nicht nur förderlich für die psychische und physische Gesundheit der Pferde, sondern stärkt auch ihre Bindung an ihre Menschen.

Positive Effekte von Enrichment

auf Pferdekopf und -körper

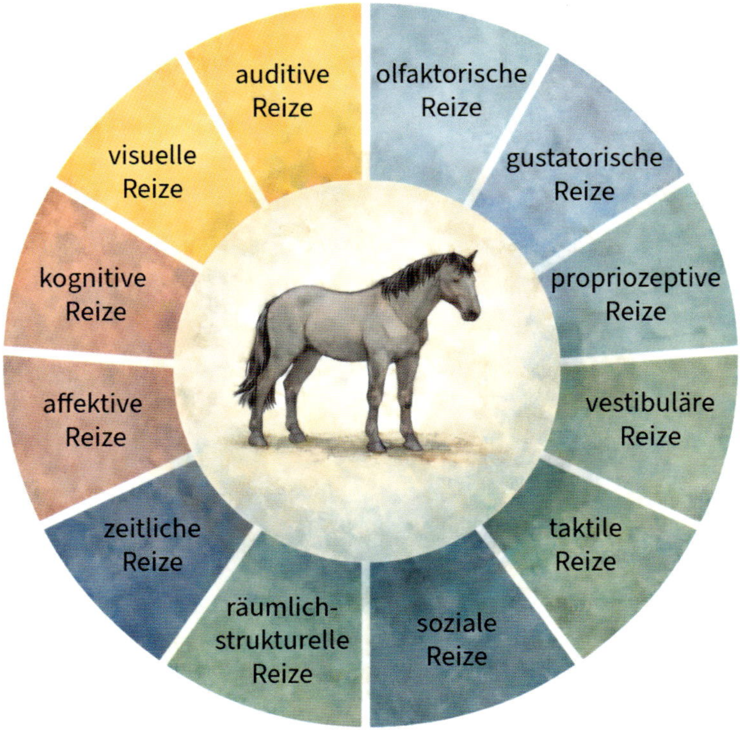

Enrichment wirkt immer über mehrere gleichzeitig aktive Reizdimensionen – auch dann, wenn uns nur eine davon bewusst ist.

Je nach gewähltem Schwerpunkt zielen Enrichment-Maßnahmen auf unterschiedliche Fähigkeiten und Bedürfnisse des Pferdes ab. Sie können dabei nicht nur das Wohlbefinden fördern, sondern wirken sich auch auf körperlicher, kognitiver und sozialer Ebene aus:

1. Ausgeglichenheit und Stressreduktion – weniger Frustration, ausgeglichenere Pferde
2. Neugier und Erkundungsverhalten – Anreize, die Umgebung aktiv zu erforschen
3. Kognitive Förderung – »Gehirnjogging«, Problemlösungsfähigkeiten und bessere Gedächtnisleistung
4. Kreativität und Mitdenken – Erlernen neuer Verhaltensweisen und alternativer Lösungsstrategien

5. Soziale Bindungen und Kommunikation – intensivere Interaktionen mit Artgenossen und ihren Menschen

6. Körperliche Gesundheit – beispielsweise gesteigerte Bewegungsbereitschaft, bessere Verdauung, gestärktes Immunsystem

7. Sinneswahrnehmung und neuronale Vernetzung – Hör-, Seh- und Tastsinn werden geschult; neuronale Prozesse werden aktiviert

8. Lebensqualität und Lebensfreude – zufriedene und anpassungsfähige Pferde

9. Reduktion von Verhaltensproblemen – weniger Aggression, stereotype Verhaltensweisen und Langeweile

10. Förderung der Selbstwirksamkeit – Pferde lernen, eigenständig mit neuen Situationen umzugehen

Individuelle Pferdecharaktere

Pferde haben ganz individuelle Persönlichkeiten – ihre Charaktere und Vorlieben beeinflussen, wie sie auf Training, Enrichment-Maßnahmen und neue Eindrücke reagieren. Wichtig ist dabei auch die Berücksichtigung von Stressreaktionen und Überforderung: Manche Pferde zeigen Abwehrverhalten (fight), andere Flucht (flight) oder Erstarren (freeze). Auch das Erkundungsverhalten variiert – einige Pferde untersuchen Gegenstände mit der Oberlippe oder den Hufen, andere bleiben eher vorsichtig und beobachten zunächst aus der Distanz. Hier können wir mit unterschiedlichen Enrichment-Maßnahmen ganz neue Talente und Vorlieben an unseren Pferden entdecken und sie noch einmal anders kennenlernen.
Einige Pferde verarbeiten neue Eindrücke lieber im Stehen, andere beim Gehen. Bewegungsfreudige, extravertierte Pferde profitieren häufig von aktiven, abwechslungsreichen Aufgaben, während ruhige oder introvertierte Tiere oft eher gezielte, strukturierte Aufgaben benötigen.
Die Berücksichtigung individueller Stärken, Talente und Lieblingslektionen fördert Motivation und Lernfortschritt, während Schwächen behutsam trainiert werden können, ohne Überforderung zu erzeugen. Wenn eine Enrichment-Idee beim Pferd einmal nicht auf Interesse stößt, ist die nächste vielleicht der zukünftige Favorit – neugierig bleiben und experimentieren ist hier die Devise. Denn: Ein individuell abgestimmtes Training und Enrichment berücksichtigen sowohl Vorlieben als auch Persönlichkeitsmerkmale und Vorerfahrungen. So werden die Lernmotivation erhöht, Stress reduziert und neue Erfahrungen positiv verknüpft.

Nachwort

Vielen Dank, dass du uns auf diese intensive Reise durch die Welt des Enrichments begleitet hast! Mit diesem Buch möchten wir dir die Wichtigkeit von Enrichment nahe bringen und deinem Pferd neue Abenteuer ermöglichen.
Wir hoffen, dass uns genau das gelungen ist und ihr vieles ausprobieren und umsetzen könnt. Vielleicht gab es für dich auch neue Erkenntnisse über dein Pferd?
Enrichment ist für uns auch eine Art Lebensphilosophie im Umgang mit dem Pferd. Deswegen freuen wir uns, wenn du sie weiterträgst und auch andere darauf aufmerksam machst, wie viel bunter und abenteuerlicher ein Pferdeleben sein kann. Jede einzelne Maßnahme ist ein Schritt hin zu mehr Lebensqualität!
Zum Abschluss bleibt der Wunsch, dass die Pferdewelt kreativ wird und sich auf die Bedürfnisse der Pferde besinnt. Denn Enrichment kann nur in einer aufgeklärten Umgebung stattfinden, die hinschaut und bereit ist, Dinge zu verändern.

In diesem Sinne: Danke, dass du bereit bist, für dein Pferd etwas zu verbessern, dazuzulernen und Neues zu entdecken!

Hast du Fragen oder coole Ideen zum Thema Enrichment? Wir wollen von dir hören! Schreib uns einfach eine Mail an: *enrichment@mueller-rueschlikon.de*

Wir freuen uns riesig auf deinen Input und den Austausch mit dir!

Herzlichst,

Britta & Carina

Wir planen noch weitere Videos für dich. Du findest sie hier ...

Zum Weiterlesen:

Rindermann, Dr. Dana (2024): Mach mich stark! Mit dem Clicker bis zur hohen Schule.
Wien: Cadmos

Steigerwald, Nina (2021): Medical Training für Pferde - Entspannt bei Tierarzt, Hufschmied & Co. Stuttgart: Müller Rüschlikon

Gabor, Vivian & Zimmer, Myriam (2025): SINNvoll lernen. Intelligentes Pferdetraining für mehr Balance, Bindung und starke Nerven.
Stuttgart: Müller Rüschlikon

Gabro, Vivian (2020): Mein Pferd kanns.
Lerntraining für Pferde.
Stuttgart: Müller Rüschlikon

Hannawacker, Monika (2023): Freude an Zirkuslektionen für Pferde. Fitness für Körper und Kopf. Stuttgart: Müller Rüschlikon

Jones, Janet L. (2022): Horse Brain, Human Brain: Erkenntnisse aus der Neurowissenschaft –
Wie Pferd und Mensch denken, fühlen, handeln. Stuttgart: Kosmos

Pferdewissenschaftliche Studien/ Literaturverzeichnis:

Ringhofer, M., Trösch, M., Lansade, L., & Yamamoto, S. (2021). Horses with sustained attention follow the pointing of a human who knows where food is hidden. Scientific Reports, 11, 18709. https://doi.org/10.1038/s41598-021-95727-8

Mejdell, C. M., Buvik, T., Jørgensen, G. H. M., & Bøe, K. E. (2016). Horses can learn to use symbols to communicate their preferences. Applied Animal Behaviour Science, 184, 66–73. https://doi.org/10.1016/j.applanim.2016.07.014

Evans, L., CameronWhytock, H., & Ijichi, C. (2024). Whoa, NoGo: Evidence consistent with modelbased strategy use in horses during an inhibitory task. Applied Animal Behaviour Science, 277, 106339. https://doi.org/10.1016/j.applanim.2024.106339

Trösch, M., Cuzol, F., Parias, C., Calandreau, L., Nowak, R., & Lansade, L. (2019). Horses categorize human emotions crossmodally based on facial expression and nonverbal vocalizations. Animals, 9(11), 862. https://doi.org/10.3390/ani9110862

Smith, A. V., Proops, L., Grounds, K., Wathan, J., & McComb, K. (2016). Functionally relevant responses to human facial expressions of emotion in the domestic horse (Equus caballus). Biology Letters, 12(9), 20150907. https://doi.org/10.1098/rsbl.2015.0907

Alterisio, A., Baragli, P., Aria, M., D'Aniello, B., & Scandurra, A. (2018). Could the visual differential attention be a referential gesture? A study on horses (Equus caballus) on the impossible task paradigm. Animals, 8(7), 120. https://doi.org/10.3390/ani8070120

Krüger, K., Roll, A., Beyer, A. J., & Farmer, K. (2025). Learning from eavesdropping on humanhuman encounters changes feeding location choice in horses (Equus caballus). Animal Cognition, 28, Article 23. https://doi.org/10.1007/s10071-025-01946-1

Jardat, P., Liehrmann, O., Reigner, F., Parias, C., Calandreau, L., & Lansade, L. (2023). Horses discriminate between human facial and vocal expressions of sadness and joy. Animal Cognition. https://doi.org/10.1007/s10071-023-01817-7

Bildnachweis:

Laura Burmester: S. 61; Andrea Costa: S. 51, 52, 56 oben; Jan Fante: S. 13 unten, 34, 35 oben links; Dr. Vivian Gabor: S. 6; Nadja Gerling: S. 113; Britta Gockel: S. 35 unten links, 55, 128, 129, 132, 148, 151, 153, 156, 164, 165, 166, 172; Hendrik Gockel: S. 26, 29, 31, 36, 48, 57 oben, 58, 63 oben, 76, 77, 80 oben, 84 links, 90, 102, 105, 106, 170, 171; Ann-Christin Hackler: S. 41, 42 oben, 69; Jan Hampel: S. 10; Lena Hille: S. 14, 15 unten, 17, 32, 37, 47 oben, 57 unten, 66, 74 unten, 95, 101, 103, 108, 111 unten, 119 oben, 168, 169, 174 links; Sarah Jacob: S. 42, 47; Wietje Köstens: S. 87 unten, 89, 112; Annika Münch: S. 87–88; Dana Nietgen: S. 9, 12 oben, 20, 35 oben rechts, 38, 63 unten, 118 oben, 119 unten, 127, 138, 144, 150; Vanessa Schiller: S. 55 oben, 75; Elisabeth Schleppi: S. 77 unten links; Jana Schmälzle: S. 120; Stefanie Schmelmer: S. 111 links oben; Lea Schneider: S. 15, 19, 23, 96, 107, 163; Lena Scholz: S. 67; Tina Schülke: S. 46; Carina Skupin: S. 100 rechts; Lee Szwec: S. 93, 152, 157; Carina Warnstädt: S. 12 - 13, 21, 27, 32, 35, 37, 40, 41, 43, 49, 50, 56, 59, 60, 64, 72 - 74, 79 - 85, 91, 97–100, 109, 111, 115, 118, 122, 123, 174; Sarah Weickert: S. 70

CAVALLO
Wo Leidenschaft Zügel bekommt
DER NEUE STANDA
Cavallo mit dauerhaft größerem Umfang
CAVALLO
Richtungsweisend: Klare Wege im Viereck finden
Faszinierende Trakehner
Was die Pferderasse bis heute besonders macht
Pferdemedizin im Wandel
Irrtümer & neues Wissen über wichtige Krankheiten
Impulse für den Pferdesport
Neuer Turnier-Check von R-haltenswert
DOSSIER
Wie Reiten uns gesund hält
Die enormen Effekte für Körper und Kopf
Positiv reiten
Wie Falk Stankus Sport, Ausbildung und Pferdewohl in Einklang bringt
FREIRAUM-TRAINING MIT TANIA KONNERTH
Mehr Nähe zum Pferd
DER ETWAS ANDERE WEG ZU
feiner Kommunikation
hoher Motivation
gesunden Bewegungen
Jeden Monat neu erhältlich
Als Print-Ausgabe und E-Paper verfügbar
Voller Wissen, Geschichten und Inspiration rund ums Pferd
Im Handel oder online bestellen
Web: www.cavallo.de | Telefon: 0781 6396659 | E-Mail: cavallo@burdadirect.de